SÉRICICULTEUR

PAR

E. DE LENTILHAC,

directeur de la ferme-école de Lavalade,
secrétaire de la Société départementale d'agriculture, sciences et arts
de la Dordogne,
Membre correspondant de la Société centrale d'agriculture de France, etc.

**Ouvrage enrichi de planches et publié sous les auspices
et aux frais de la Société d'Agriculture,
sciences et arts de la Dordogne.**

PÉRIGUEUX

DUPONT ET Cie, IMPRIMEURS, RUE TAILLEFER.

1873

GUIDE

DU

SÉRICICULTEUR

PAR

E. DE LENTILHAC,

Directeur de la ferme-école de Lavalade,
Secrétaire de la Société départementale d'agriculture, sciences et arts de la Dordogne,
Membre correspondant de la Société centrale d'agriculture de France, etc.

PÉRIGUEUX

DUPONT ET Ce, IMPRIMEURS, RUE TAILLEFER.

1873

DIVISION DE L'OUVRAGE.

INTRODUCTION.

1re PARTIE : Moriculture. — Culture et conduite du Mûrier.

2e PARTIE : Sériciculture. — Education des vers à soie.

INTRODUCTION.

« Au sommet des montagnes volcaniques du Vivarais, dans les entrailles même de ces volcans, sur des torrents de laves sans culture et presque sans végétation, on voyait encore, il y a peu d'années, les restes de quelques peuplades à demi-sauvages dont la grossièreté et la férocité rappelaient les mœurs des vieux clans d'Ecosse. Ces peuplades ne marchaient qu'armées, et leur misère était si grande que la religion même n'avait pu les adoucir. Tous les dimanches, on les voyait sortir de leurs maisons avec leur habit de laine noirâtre, semblable à ceux des Corses, de gros sabots épais de plusieurs pouces et le fusil sur l'épaule. Ainsi équipés, ils allaient à l'église, déposaient leurs armes à la porte, puis, après avoir prié dans un profond recueillement, ils prenaient leur fusil et se rendaient à la taverne ; là, dit un voyageur qui les visitait vers la fin du siècle dernier, une joie féroce succède soudain à la prière et à la componction. Je les ai vus trente à table, chacun un pistolet à côté de soi, se disputant, criant, et se livrant à des orgies qui finissent toujours par le meurtre de quelques-uns d'entre eux.

» Telle était encore la situation du Haut-Vivarais en 1770 ; aujourd'hui tout est changé. Plus d'hommes armés, plus de sauvages, plus d'homicides, mais aussi plus de terres en friche, plus de misère, plus d'isolement ; des chemins faciles se déroulent sur toutes les montagnes, de riches villages s'élèvent sur les débris des plus misérables hameaux ; partout vous trouvez l'aisance à la place de l'indigence, l'humanité à la place de la barbarie... On dirait un nouveau peuple; ce n'est cependant qu'une nouvelle génération née à l'abri d'un arbre inconnu des générations anciennes.

» Cet arbre, c'est le mûrier. Pour opérer tant de prodiges, il a suffi de la culture d'un végétal et de l'éducation de sa chenille : il faut voir le pays dont ils ont changé le destin ! Ces coulées de laves rouges et noires, ces fleuves de cendres, ces chaussées de géants semblables à celles d'Irlande, ces masses basaltiques qui encaissent les torrents et couronnent les montagnes ; c'est là tout le sol du Vivarais. En face de la petite ville d'Aubenas, trois rangs de montagnes s'élèvent en amphithéâtre comme de larges gradins jusqu'aux Cévennes, qui les terminent. Tout le pays est brûlé, et, si les volcans se rallumaient, Aubenas verrait autour d'elle soixante montagnes flamboyantes.

» Eh bien, ces montagnes, longtemps stériles, sont aujourd'hui plantées jusqu'à leur sommet, ces plaines, longtemps incultes, sont aujourd'hui vertes et fécondes, chaque village a ses plantations, les villes même apparaissent comme des corbeilles de verdure ; Aubenas est une charmante colline couverte de maisons au milieu d'une prairie couverte de mûriers ; le mûrier est partout ; on le croirait indigène, tant il se multiplie facilement. Les espaces les plus étroits portent leur arbre.

» Ainsi s'est transformé le Vivarais. Une culture nouvelle a changé le sort des femmes, et par les femmes s'est adoucie la brutalité des hommes. Voulez-vous civiliser un pays, donnez-lui une plante utile aux pays voisins, d'une culture aisée et qui puisse occuper les femmes et les enfants. Avec cette plante viennent le commerce, les chemins ; avec les chemins, viennent les idées ; le commerce enrichit, les chemins civilisent.

» Mais le fait le plus curieux et qui met dans tout son jour la gloire d'Olivier de Serres, qui introduisit, le premier, le mûrier dans le Vivarais, c'est la situation des pays voisins. Lorsque l'on arrive au sommet de la montagne qui sépare Thuyé de la Narve, on trouve une vaste forêt de sapins, sombre rideau tiré aux limites des deux contrées, le Vivarais et le Vélay. Là, sous un âpre climat, expire l'arbre qui produit la soie ; on entre dans un nouveau pays ; les montagnes sont nues, les terres mal cultivées, plus de riants vergers, plus de plantations verdoyantes, plus de doux travaux pour les femmes, de feuilles à cueillir, d'insectes à soigner. Dès lors tout change, la beauté physique et la beauté morale disparaissent en même temps. Les femmes, écrasées sous les travaux des hommes, vieillissent avant l'âge ; les hommes sont rudes et grossiers, les enfants laids et méchants ; on dirait une autre race. Il n'y a cependant qu'un arbre de moins dans le pays. » (1).

Je n'ajouterai rien à cette brillante page, où la poésie de l'expression s'allie si bien à l'élévation de la pensée qui l'inspire ; que l'histoire du Vivarais devienne celle de plusieurs contrées de notre noir Périgord !

La sériciculture n'est pas une science moderne. D'après M. le comte de Gasparin, on ne peut avoir aucune donnée exacte sur l'état originaire du ver à soie avant qu'il fût entre les mains de l'homme, mais comme ce sont les Chinois qui les premiers ont produit la soie, il est probable, dit-il, que la Chine est la patrie originaire du mûrier et du ver à soie.

L'époque de l'introduction du mûrier et de la fabrication de la soie en France n'offre pas moins d'obscurité. On a répété, d'après Olivier de Serres, que cette introduction da-

(1) *Education des Mères de Famille*, par M. Aimé Martin. Folio 317. Ouvrage couronné par l'académie de Paris.

tait du règne de Charles VIII, que les premières plantations de mûriers furent faites à Alan, près Montélimart, en 1495, par Guyapse de Saint-Auban ; M. de Gasparin pense qu'on a eu tort d'attribuer à la courte expédition de Charles VIII en Italie l'introduction des mûriers en France, introduction qui doit remonter à la première conquête de Naples par les Français au treizième siècle.

Les progrès de l'industrie de la soie furent encouragés par plusieurs de nos rois, Louis XI, Charles VIII, Henri II, Henri IV surtout. Les ordres monastiques et de Malte plantèrent avec ostentation pour se conformer aux édits et plaire aux souverains. Le bas clergé, la petite noblesse et le peuple s'y prêtèrent avec répugnance, les Cévennes surtout crurent longtemps que l'âpreté de leur climat et la pauvreté de leur sol présentaient des obstacles insurmontables ; il fallut que la gelée de 1709, ce grand désastre agricole, détruisit le châtaignier dont elles tiraient leur subsistance, qu'elles fussent menacées d'une famine sans terme, pour chercher dans le mûrier une voie de salut (1).

« Le roi, dit Olivier de Serres, songeant à affranchir la France du tribut de quatre millions d'écus d'or qu'elle payait à l'Italie, Sa Majesté, bien que son ministre Sully s'opposât à ces *babioles*, me fit l'honneur de m'écrire pour m'employer au recouvrement de plants de mûriers ; j'apportai telle diligence, qu'au commencement de l'année 1601 il en fut conduit 15 à 20,000 pieds, lesquels furent plantés en

(1) *Extrait des essais sur l'histoire de l'introduction du ver à soie en Europe et d'un mémoire sur les moyens de déterminer la limite de la culture du mûrier et de l'éducation du ver à soie*, par M. le comte de Gasparin. Volume de 550 pages, librairie Bouchard-Huzard, rue de l'Eperon, 7, Paris.

divers lieux dans les jardins des Tuileries, où ils seront heureusement élevés (1). »

Il paraît que ces mûriers qu'Olivier de Serres était allé chercher lui-même en Espagne avec des œufs de vers à soie, qui furent distribués aux personnes qui avaient déjà des arbres, servirent à former des pépinières dans la partie du jardin des Tuileries occupée aujourd'hui par l'orangerie et la terrasse des Feuillants, ainsi que dans les jardins des maisons royales de Vincennes et de Madrid. Ces 20,000 mûriers, qui n'étaient autre que des *Pourettes*, furent deux ans après distribués aux généralités de Paris, Tours, Orléans, Caen et Dijon. L'édit qui règle ce partage est de 1603.

En 1605, sur la demande d'Olivier de Serres, des jardiniers experts sont envoyés officiellement dans les généralités pour examiner les résultats obtenus. Lui-même va souvent de sa personne inspecter les plantations et donner ses précieux conseils, corvée que pouvait seule inspirer une foi ardente, à une époque où les voies de communication étaient à peine ébauchées. C'est alors que satisfait de ses pérégrinations, cet apôtre du mûrier, s'écrie dans un saint enthousiasme :

« Voilà enfin la soie au cœur de la France! »

(1) Olivier de Serres naquit en 1539, dans le Vivarais, à Villeneuve-de-Berg (Ardèche). Sa femme, Marguerite d'Arcous, lui apporta en dot le manoir et la terre du Pradel Son ouvrage capital, dédié au roi Henri IV en 1600, *Théâtre d'Agriculture et mesnage des champs*, fut précédé d'une brochure intitulée : *De la cueillette de la soie pour la nourriture des vers qui la font*. Ce précieux ouvrage a été réédité avec notes et commentaires par M. Mathieu Bonafous. Olivier de Serres est mort le 2 juillet 1619. Une statue lui a été élevée à Villeneuve-de-Berg. Son *Théâtre de l'Agriculture* eut de son vivant 8 éditions. Celle de 1605 contient de nombreuses additions, entre autres un appendice intitulé : *Seconde richesse du mûrier blanc qui se trouve en son écorce pour faire des toiles de toutes sortes non moins utiles que la soie provenant de la feuille d'icelui*. La vingt-et-unième édition du *Théâtre des champs* a été publiée par les soins de la Société d'agriculture de la Seine, en 1804. 2 volumes in-4°.

Ce qui n'est pas douteux, c'est qu'Olivier de Serres, par ses plantations et ses écrits, a puissamment contribué à la vulgarisation en France de l'éducation des vers à soie.

Alors que Camille Beauvais, le célèbre directeur des Bergeries de Sénard, et les éducateurs qui s'associèrent à son œuvre, dit M. de Chavannes, voulurent ranimer les progrès de la sériciculture par leur exemple et leurs écrits, les axiomes sur lesquels ils basèrent de nouveaux systèmes d'éducation furent les mêmes qu'avaient posés Olivier de Serres, Boissier de Sauvages, Dandolo ; point de principes nouveaux et inédits. Aussi nous sommes-nous inspiré de ces auteurs dans les éducations que nous avons faites nous-même, comme dans les lignes qui vont suivre. Pour ce qui a trait à la *moriculture*, nous nous sommes conformé, dans les nombreuses plantations que nous avons dirigées, aux excellentes prescriptions de M. Hippolyte de Chavannes de la Giraudière, inspecteur de l'industrie séricicole en France, directeur de la pépinière départementale de Mettray (Indre-et-Loire).

PREMIÈRE PARTIE.

MORICULTURE.

Le mûrier, cet arbre *béni de Dieu*, de la famille des *morées*, est originaire de l'Asie ; son introduction en Europe paraît remonter au XIIIe siècle.

Variétés. — Le mûrier noir ou de Tartarie (morus nigra), originaire de l'Asie mineure, peut atteindre de 6 à 7 mètres d'élévation ; son fruit est pourpre foncé, d'une saveur agréable, ayant le volume de celui de la ronce des haies. Sa feuille est entière, cordiforme, aiguë, épaisse, rude en dessous. D'abord le seul employé pour la nourriture du ver à soie, il fut abandonné lorsqu'on connut le mûrier blanc, dont la croissance est plus rapide ; plus brillante et plus fine est la soie qu'on obtient de ses feuilles.

Mûrier blanc (morus alba), originaire de la Chine et de la Perse, peut atteindre 20 mètres de hauteur. Son fruit est plus petit que celui du précédent, d'un blanc ambré ; ses feuilles sont ovales, sub-cordées, lobées ou entières, comme vernies en dessus. Multiplié de semis, il donne naissance à un grand nombre de variétés, parmi lesquelles les plus méritantes sont :

Le mûrier *Multicaule* ou des Philippines (morus multicaula), importé des Philippines par M. Perrolet en 1821. Feuille mince, très-ample, gaufrée, cordiforme, molle, longuement pétiolée, pendante, précoce ; à tige peu élevée, développant à la base un grand nombre de rejetons ; très-sujet aux gelées. Le principal mérite de ce mûrier est de prendre très-facilement de bouture, et, s'il est planté en lieu abrité, de permettre de commencer plus tôt l'éducation. Il convient au premier âge, parce que sa feuille est relativement plus tendre que celle de ses congénères, que son ampleur permet d'opérer le délitement avec la feuille même.

Dans les sables fertiles, frais, profonds, les expositions abritées, sous une température chaude, il prospère bien et peut, à la grande rigueur, alimenter presque seul une éducation tardive ; à ce titre, il conviendrait à certaines contrées de la Double. En dehors de ces conditions, il n'est propre, nous le répétons, qu'au début d'une éducation, et si nous conseillons à chaque éducateur de ménager quelques haies de multicaule dans leur plantation, nous ne saurions les engager de fonder sur lui une grande espérance.

Mûrier *Lhou*. — Obtenu en 1825 par M. Camille Beauvais ; introduit dans la Dordogne par M. Alfred de Lentilhac, élève du célèbre directeur des Bergeries de Sénard. Ce mûrier, obtenu de graine venant de Syrie, a le double avantage de prendre de bouture comme le mûrier multicaule et d'avoir la feuille luisante et presqu'aussi épaisse que celle du mûrier ordinaire. Cette précieuse variété est encore fort rare, les pépiniéristes ayant de bonnes raisons pour ne pas la vulgariser.

Dans la variété à fruit blanc on distingue encore :

Le mûrier *Flocs* d'Espagne ; feuilles larges, épaisses, cordiformes, gaufrées, accompagnées latéralement de deux feuilles jumelles plus petites ; rameaux grisâtres.

Le mûrier *Romain* des Cévennes, plus rustique que le précédent, auquel il ressemble beaucoup.

Le mûrier *Colomba*, à fruits petits, d'un blanc grisâtre, feuilles plissées, un peu minces, mais fermes et luisantes ; rameaux longs et nombreux.

Le mûrier *Colombassette*, qui ne diffère du précédent que par ses feuilles beaucoup plus petites.

Le mûrier *Fleurdelisé*, feuilles amples, rapprochées, à trois lobures ; rameaux longs d'un gris foncé.

Le mûrier *Traînant* ; feuilles grandes, entières, abondantes, craignant la rouille et la gelée.

Le mûrier *Hybride*, obtenu par M. Audibert, paraît être une sous-variété du mûrier des Philippines, auquel il emprunte l'avantage de prendre de bouture.

Parmi les mûriers à fruits colorés, on compte :

Le mûrier *Moretti*, du nom d'un professeur de Paris qui l'obtint de semis ; fruits nombreux, violacés, feuilles grandes, cordiformes, accuminées, glabres en dessous, pubescentes supérieurement. Rameaux longs, vigoureux de couleur rousse.

Le mûrier *Rose* ; fruit abondant, pourpre-violet, feuilles moyennes, minces, rapprochées, lancéolées, les terminales d'un rouge accentué dans leur jeunesse.

Le mûrier de *Toscane*, fruit presque noir, feuilles grandes, trilobées, fermes, luisantes ; rameaux longs, de couleur brunâtre.

Le mûrier *Gris*, fruit couleur d'ardoise, feuilles moyennes, ovales, serrées, fermes, épaisses ; rameaux panachés de vert et de rouge.

Le mûrier *Côte-Rouge*. Fruit pourpre ressemble au précédent, mais plus sensible aux gelées.

Dans ces nombreuses variétés, sauf le mûrier noir à gros fruit, le multicaule, le mûrier Lhou, qui offrent des caractères très-distincts, les éducateurs ne distinguent que le mûrier *sauvage* et le mûrier *greffé*. Le premier a la feuille généralement petite, diffuse, souvent lobée, ce qui en rend la cueillette plus difficile, mais on s'accorde à reconnaître que le ver qui s'en nourrit fournit une soie plus corsée, plus fine et plus brillante.

Le mûrier fleurdelisé, très-rustique de sa nature, conviendrait aux terrains de la Double, comme le mûrier rose aux coteaux calcaires et en culture.

Climat. — Partout où le mûrier n'aura pas au moins trois mois depuis la cueillette de la feuille jusqu'au moment où s'arrête la végétation, il ne faut pas espérer de le cultiver utilement.

Une trop grande sècheresse du sol, la fréquence des gelées printanières, le manque de lumière solaire suffisante, un excès d'humidité aux racines, déterminent ce qu'on appelle dans le midi la *Mane* ou *Miellat* ; substance d'apparence mielleuse, gluante, de couleur jaune ; ce suc extravasé n'est autre chose qu'une sève mal élaborée, ayant un commencement de fermentation acide ; elle possède des propriétés purgatives qui provoquent chez le ver à soie de fréquentes évacuations, une faiblesse progressive des organes et finalement la mort.

Le mûrier absorbe à peu près autant d'eau que la vigne, ce qui explique pourquoi ces deux végétaux prospèrent également sur les mêmes sols.

M. de Gasparin trouve que c'est dans l'espace de terrain, au midi de la ligne fixée par la Loire et le Danube, que les convenances météorologiques, économiques et agricoles paraissent les plus favorables au mûrier, en ayant soin d'en écarter les lieux qui ne sont pas compatibles avec sa réussite en raison de leur altitude.

Enfin, on a dit que pour que les pousses de mûrier eussent le temps de s'aoûter avant l'hiver, il fallait au moins trois mois d'une température moyenne de 12° au-dessus de zéro. Sans nous arrêter à ces considérations, nous affirmons avoir vu réussir le mûrier partout où prospère la vigne, ce qui est assez dire qu'il convient admirablement à notre département.

Terrains. — Le mûrier est, sur le choix du terrain, le

moins difficile de nos grands végétaux ; tous les terrains lui conviennent à peu près également. Dans les sols calcaires, découverts, très-aérés, sa croissance est lente, sa feuille peu développée, mais d'une qualité supérieure à toute autre. Dans les sols riches, humides, sa feuille a plus d'ampleur, mais elle est molle, sujette à la rouille, la soie qui en provient a moins d'éclat et de nerf. Dans les terrains qui retiennent l'eau, l'écorce est rugueuse, couverte de mousse, la feuille est flasque, jaunâtre, de mauvaise qualité. Dans la Double, il est important de choisir les terrains naturellement perméables ou fortement drainés, les champs éloignés des étangs et des nauves. On évitera en général les lieux bas, trop abrités, le versant exposé à l'est et toutes les conditions propres à favoriser l'action des gelées blanches, si néfastes au développement des premiers bourgeons. Les plateaux découverts perméables, inclinés au sud, à l'ouest ou au nord, le bord des routes, le remblai des fossés, lui conviennent de préférence. Toutefois, nous conseillons d'avoir au moins une haie de multicaules ou de mûriers sauvageons, défendus du nord par un mur ou tout autre abri, ce qui permet de faire éclore sa graine quinze jours plus tôt.

Les plantations de mûrier sur le bord des grandes routes offrent cependant un inconvénient que nous ne pouvons omettre de signaler; l'été, la poussière, soulevée par le vent ou les voitures, se fixe sur la feuille, dont elle altère certainement les qualités ; cependant l'expérience ne nous a jamais démontré que les vers eussent sensiblement à en souffrir.

Plantation. — On connaît quatre modes de plantations :

1° *Les hautes-tiges*, arbres dont l'embranchement est à deux mètres du sol. Ces mûriers ont l'inconvénient de ne donner leur produit qu'après 7 ou 8 ans de plantation ; la cueillette, ne pouvant se faire que par des hommes et à l'aide d'échelles, est plus longue et plus coûteuse. Ces arbres doivent être espacés de 5 mètres 40 centimètres entre les pieds et 8 mètres entre les lignes, ce qui nécessite un emplacement qui ne trouve pas dans le produit du mûrier une compensation suffisante ; enfin, la perte d'un arbre est plus longue et plus dispendieuse à réparer. Ses avantages sont d'avoir une plus longue durée ; de voir ses produits s'accroître jusqu'à l'âge de 50 ans ; de mieux résister aux gelées et à la dent des animaux ; de se prêter aux plantations d'avenue ; d'utiliser çà et là, auprès des habitations, les moindres recoins sans valeur.

2° Les *mi-tiges*, dont l'embranchement est à un mètre. Ces mûriers qui doivent être espacés de cinq mètres entre eux, ayant les inconvénients des hautes-tiges sans en avoir les avantages, de gêner considérablement les travaux de culture avec les animaux, nous ne conseillons pas d'en faire usage.

3° Les *Nains*, dont l'embranchement se fait comme celui de la vigne à $0^{m},40$ du sol. Placé à 4 mètres et en quinconce, ce mûrier a l'avantage de pouvoir se récolter dès la 4me année; d'occuper à sa cueillette femmes et enfants; d'être taillé et récolté avec moins de frais; de mettre l'éducateur rapidement en possession de sa feuille, condition très-précieuse dans les moments de presse.

A six ans, un hectare de mûriers nains, bien réussis, peut nourrir les vers provenant de 40 grammes de graine. Ses inconvénients sont de ne durer que 30 ans et d'être plus facilement atteint par les gelées.

4° *Les haies*. — On forme les haies en plaçant des mûriers nains en lignes, espacés d'un mètre entre les pieds et 5 mètres entre les lignes, ou encore trois mètres en tous sens et en quinconce. Ce mode de plantation, que nous conseillons à tout éducateur pressé de jouir, doit commencer à donner ses produits au bout de trois ans; il ne dure, il est vrai, qu'une vingtaine d'années. A cinq ans un hectare bien réussi peut alimenter les vers de 100 grammes de graine.

Sauf les mi-tiges, nous conseillons d'employer simultanément les trois systèmes que nous venons d'indiquer, en donnant toutefois la plus large part aux mûriers nains.

Multiplication. — Le mûrier se propage par *semis, marcotte, bouture et greffe*.

Sans conseiller à l'éducateur de se faire pépiniériste, ce qui demande des conditions spéciales de pratique et d'étude, nous pensons qu'il est de bonne précaution d'avoir une petite pépinière pour se faire la main aux divers modes de multiplication et avoir à sa portée les moyens d'entretenir sa plantation.

Semis. — Avec le semis on obtient des sujets plus vigoureux, résistant plus facilement à la sècheresse et au froid à cause de leur puissant enracinement.

La meilleure graine est celle qu'on récolte soi-même sur les plus beaux arbres de la plantation, qu'on a eu soin de ne pas effeuiller. On amasse le fruit lorsqu'il est assez mûr pour tomber sous l'arbre en le secouant; on le fait sécher à l'ombre, puis on le frotte dans la main pour en détacher la pulpe, ce qui vaut toujours mieux que le lavage.

La graine se sème à raison de 200 grammes par are, à la volée ou en ligne, sur couche défoncée à un mètre de profondeur, fortement saturée de fumier consommé ; peu recouverte, un peu tassée, arrosée suffisamment, cette graine, ensemencée au sortir de l'hiver, lève en 25 jours.

La première année, les travaux d'entretien se bornent à éclaircir les parties trop épaisses, laissant en moyenne 0m25c entre les plants ; à esherber avec soin, à arroser durant les fortes chaleurs, à couvrir d'un léger paillis durant la période des froids.

La seconde année, on met en pépinière les plus beaux plants, espacés de 20 à 30 centimètres, les ayant préalablement *habillés* avec soin. L'habillage consiste à couper l'extrémité du chevelu et à rabattre la tige, au plus à trois yeux. Si on a soin d'ébourgeonner souvent pour amener la sève dans une seule tige, qu'on sarcle fréquemment, il peut arriver que le plant soit assez fort pour recevoir la greffe au printemps suivant. Si la troisième année le sujet est encore trop faible pour supporter cette opération, on rabat de nouveau. On excepte de la greffe, bien entendu, les sauvageons qui présentent des feuilles sans lobes, des tiges fortes et vigoureuses, indice certain d'une bonne variété.

Marcotte. — La marcotte, ou couchée, est fort usitée en Italie. Marcotter, c'est envelopper de terre l'extrémité inférieure d'une branche sans la séparer du pied-mère, afin d'y provoquer l'éruption de racines qui en forment un véritable individu qu'on enlève ensuite pour le mettre à demeure. On peut faciliter la formation de ces racines par la torsion ou une incision partielle.

Pour le mûrier, on récèpe rez-terre l'arbre destiné à être marcotté, puis l'année suivante on couche sous terre, à trois centimètres, les jeunes rameaux qu'on fixe au moyen d'un crochet en bois ; la partie non recouverte est redressée avec soin et retenue verticalement à l'aide d'un tuteur.

Bouture. — A la grande rigueur, avec certaines précautions, tous les mûriers pourraient être bouturés ; mais comme l'opération exige des soins minutieux qui n'ont pas toujours un plein succès, sauf pour le mûrier multicaute, le mûrier lhou et le mûrier hybride, qui prennent facilement à l'air libre, nous conseillons d'opter pour le semis.

Greffe. — On greffe le mûrier à *l'écusson* ou en *flûte*. La greffe en fente peut s'appliquer encore aux arbres d'un certain âge, mais elle est peu usitée.

La greffe à *l'écusson*, dite à œil *poussant*, celle qui se pratique au mois de juin, est fort difficile à faire réussir ; la greffe à œil *dormant*, qu'on fait en août, est beaucoup moins casuelle.

Après l'hiver, au moment où le bourgeon commence à grossir, on coupe l'œuvre qu'on enterre sous du sable dans une cave fraîche sans être humide. Vers le mois de juin, au moment où la sève du sujet est en mouvement, on greffe rez-terre selon la méthode employée pour les arbres à fruits ; seulement, en faisant l'incision, on a soin de placer en bas la barre du T afin que la sève, très-abondante dans le mûrier, puisse s'échapper par les parois de la coupure traversale au lieu d'aller noyer le bourgeon, ce qui arrive parfois.

Lorsqu'on est assuré de la reprise, on rabat la tige à 0m10 au-dessus de la greffe ; si le sujet est vigoureux, la pousse d'un an peut atteindre 1m50 de haut et la grosseur du petit doigt. Tous les quinze jours, et plus souvent si le besoin l'exige, on opère le *pincement*, c'est-à-dire qu'on supprime, lorsqu'ils sont encore herbacés, les bourgeons qui se développent le long de la tige à l'aisselle des feuilles.

Pour la greffe en flûte, on coupe l'œuvre au moment où la sève est en pleine ascension pour la conserver dans du sable frais jusqu'au moment de s'en servir. Ce moment arrivé, on imprime à *l'œuvre* un mouvement de torsion saccadé en ayant soin de ne pas endomager les bourgeons ; cela fait, on divise l'écorce par incision circulaire en petits anneaux de 4 à 5 centimètres ayant un bon œil vers le milieu, puis on place la branche recouverte d'un linge mouillé dans un vase clos pour que l'air ne l'altère pas pendant qu'on prépare le sujet. Cette dernière opération consiste à détacher la peau du sujet après l'avoir divisée en petites lanières qu'on rabat de haut en bas ; ainsi préparé, on introduit l'anneau en le faisant descendre le long du bois dépouillé, jusqu'à ce qu'il serre fortement sans éclater ; après deux jours, les anneaux doivent être soudés si la greffe est bonne.

Plantation. — Quelle que soit la nature de la plantation, elle doit être faite avec des sujets greffés d'un an ; c'est une erreur de croire qu'on avance la récolte en plantant des arbres tout formés, qui restent plusieurs années stationnaires et ne sont jamais d'une reprise aussi certaine.

Le trou destiné à recevoir le mûrier doit avoir 1 mètre au

carré et 0^m50 de profondeur ; pour les mûriers nains, on dispose les trous en quinconce ; pour les haies, on ouvre une tranchée continue d'un mètre de large sur 0^m50 de profondeur.

Plus que pour toute autre plantation, on doit avoir soin, pour celle du mûrier, de mettre la meilleure terre et la plus meuble dessous et dessus les racines, en imprimant une légère secousse à l'arbre pour qu'elle s'introduise régulièrement entre les racines qu'on relève avec la main, afin que chaque étage soit étendu horizontalement. Il est aussi de bonne précaution de conserver à l'arbre l'orientation qu'il avait en pépinière.

La plantation est précédée de l'habillage ; avec une serpette bien affutée, on doit raccourcir les racines trop longues, refaire nettement et en biseau la coupe de celles qui ont été déchirées à l'arrachage, et cela au fur et à mesure de la mise en place.

Si la terre est fertile, on fera du déblai le remblai en ayant soin de placer sur les racines la couche superficielle. Si la terre est médiocre ou épuisée, on ajoute quelques pelletées de fumier consommé ou de *recurure* de mare.

Dans les terres compactes, le collet du plant doit affleurer la surface du sol ; dans les terrains sablonneux, on doit chausser le plant un peu plus haut.

On plantera de décembre à février par un temps calme et non pluvieux.

Entretien du sujet. — Dès la première année, lorsque les bourgeons ont atteint de 10 à 15 centimètres, on commence le pincement de toutes les pousses qui se développent au-dessous de l'embranchement sans déchirer l'écorce, toute cicatrice dans le mûrier étant difficile à guérir.

Dans la formation de l'empatement, niveau où se forme la tête de l'arbre, on doit moins viser à la régularité de l'élévation qu'au point le plus convenable pour le former, c'est-à-dire celui où les bourgeons sont vigoureux, bien distancés, et de force à peu près égale. En somme, des façons superficielles au pied de l'arbre pour détruire les herbes et ameublir le sol, la fréquente suppression des jets latéraux, tant sur la maîtresse tige que sur les branches conservées, complètent les façons à donner la première année.

La seconde année, on procède à la taille à l'aide du sécateur, ou mieux de la serpette qui ne fait aucune contusion à la peau. On rabat tous les scions à cinq ou six yeux suivant leur force; un bon labour doit suivre la taille. Un mois après, l'ébourgeonnement doit recommencer en ayant soin de conserver dans l'embranchement les tiges placées à 5 centimètres de l'empatement le mieux disposé pour donner à la tête la forme d'une chaufferette. Les chicots provenant de la vieille taille seront enlevés entre les deux sèves, c'est-à-dire vers la fin de juillet.

Les années suivantes, on procèdera d'une façon analogue et ainsi de suite.

Succès de la plantation. — L'époque du succès d'une plantation se décide la deuxième année. A ce moment, les racines ayant traversé la couche préparée lors de la plantation se trouvent dans la terre neuve, par suite en butte au travail d'une acclimatation plus ou moins laborieuse. C'est à ce moment qu'on doit redoubler d'efforts pour apporter aux mûriers les amendements nécessaires, car s'ils dépérissent alors, leur avenir est gravement compromis. C'est par des transports d'amendements calcaires, si la nature du sol le comporte; l'emploi des cendres et plâtras; des façons réitérées; du fumier, si le terrain est froid; du terreau, si le terrain est maigre, qu'on réveille la vigueur du sujet.

Les soins que nous venons d'indiquer ont pour but d'assurer la reprise du sujet; d'empêcher la confusion des branches; de faciliter la libre circulation de l'air et de la lumière, indispensables à l'émathose de la sève; d'avoir enfin des feuilles amples et bien nourries plus faciles à recueillir.

Défonce partielle. — Pour activer sensiblement la production du mûrier, dans un terrain pauvre surtout, on ne doit reculer devant aucun surcroît de dépense, largement payé par les bons résultats qu'on en retire; nous voulons parler de la *défonce partielle.* Voici en quoi consiste cette opération : après l'hiver qui suit la première année de plantation, on pratique une rigole de 0m50 de profondeur sur 0m25 de large autour de chaque pied de mûrier et à une distance de 0m50 du corps de l'arbre; on la creuse perpendiculairement, en ayant soin de couper à la serpette les racines lacérées. Cette tranchée de circonvallation terminée, on la recomble aussitôt avec de la terre prise à la surface dans laquelle on mélange, si faire se peut, des fragments de gazon ou du terreau. Cette opération, qui doit se répéter tous les trois ans en ayant soin d'éloigner progressivement la rigole du pied de l'arbre, a été imaginée par Camille Beauvais, qui l'a pratiquée avec un plein succès aux bergeries de Sénard.

Taille. — La taille du mûrier repose : dans le ravalement à deux ou quatre yeux de tout jeune bois bien placé et dans la suppression de celui qui ne l'est pas. Veiller à ce qu'une branche principale ne grossisse pas au détriment de sa voisine, que grâce à une égale répartition de la sève, la végétation se maintienne sans confusion dans un juste équilibre : tels sont les principes dont on doit s'inspirer, se conformant, par ailleurs, aux lois qui président à la conduite des arbres fruitiers.

Epoque de la taille. — Pour le mûrier, l'époque de la taille ne doit pas précéder le mouvement de la sève afin que les plaies qui auraient une tendance à former des chancres, sous l'influence des alternatives de hâle, de chaleur et de froid, puissent se recouvrir de suite. Une taille trop tardive n'a pas moins d'inconvénient; l'épanchement de la sève affaiblit le sujet, puis l'arbre, subitement interrompu dans sa végétation, éprouve une secousse à laquelle il succombe quelquefois. L'époque la plus convenable est celle où le bourgeon commence à prendre un développement appréciable à l'œil.

Quelques éducateurs taillent le mûrier l'été, aussitôt après la cueillette de la feuille; d'autres repoussent ce procédé contraire aux lois les plus élémentaires de la végétation, le sujet affaibli, poussant des rameaux qui le plus souvent ne peuvent s'aoûter.

Pour conserver longtemps la vigueur de l'arbre et la bonne qualité de la feuille, on ne récoltera que tous les deux ans sur le même arbre, qui sera taillé l'année qui précède l'entrée en jouissance.

Cueillette et conservation des feuilles. — L'échelle double doit être la seule employée pour récolter les arbres à hautes tiges, les autres ayant l'inconvénient de meurtrir l'écorce des branches contre lesquelles on les appuie, de les faire fléchir s'ils sont encore jeunes. On doit aussi, pour un motif analogue, tenir la main à ce que les ouvriers ne montent pas sur les arbres, surtout avec des chaussures ferrées.

Pour recueillir la feuille, on se servira de tabliers ou de sacs ouverts à l'aide d'un cercle retenu lui-même par trois ficelles à l'instar d'un plateau de balance; le tout se termine par un crochet qui sert à fixer l'appareil à une branche,

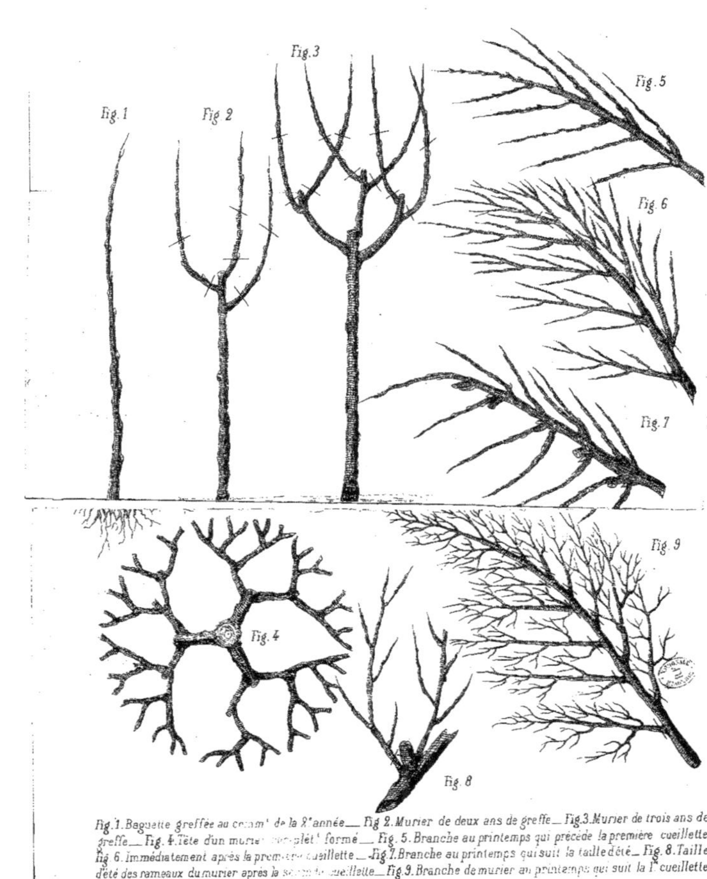

Fig. 1. Baguette greffée au comm^t de la 2e année — Fig. 2. Murier de deux ans de greffe — Fig. 3. Murier de trois ans de greffe — Fig. 4. Tête d'un murier complét^t formé — Fig. 5. Branche au printemps qui précède la première cueillette. Fig. 6. Immédiatement après la première cueillette — Fig. 7. Branche au printemps qui suit la taille d'été — Fig. 8. Taille d'été des rameaux du murier après la seconde cueillette — Fig. 9. Branche de murier au printemps qui suit la 1re cueillette.

laissant ainsi à l'ouvrier la faculté de mouvoir librement ses deux mains.

Pour les mûriers nains ou en haie, il est préférable de mettre la feuille dans une grande corbeille à deux anses qu'on transporte à l'aide d'une perche.

Lorsque le temps menace de se mettre à la pluie, on fait un jour à l'avance sa provision de feuilles, rien n'étant pernicieux pour le ver et pour les arbres comme de faire ce travail sous la pluie. Olivier de Serres, dans son excellent traité de la cueillette de la soie, s'exprime en ces termes :

« Toute feuille n'est à ce propre, quoique produite par mûrier sans reproche ; avenant quelquefois que par extrémité de sécheresse ou d'humidité, par bruines, gouttes chaudes et autres intempéries du temps, toute la feuille ou partie des meilleurs arbres devient jaunâtre ou tachetée et maculée, signe de pernicieuse nourriture.

» De telle ne faut faire état non plus que de celle croissant hors le regard du soleil, dans l'intérieur des arbres touffus ou les vallées ombreuses, ni de la *mouillée* par la pluie ou rosée, ainsi convient recevoir ces feuilles là, comme viciées, sans nullement s'en servir de peur de faire mourir le bétail. »

On voit l'importance que cet habile observateur attachait à la qualité de la feuille, aux conditions dans lesquelles on doit la récolter.

Si la feuille a été amassée par un temps sec, elle peut se conserver 48 heures sans altération notable, pourvu qu'on la répande par couche de 0^{m}40^{c} d'épaisseur dans un lieu carrelé, frais sans être humide, obscur et aussi clos que possible.

Non-seulement la feuille provenant de la cueillette du matin est plus facile à conserver, mais les vers la mangent avec plus d'avidité.

Il est fort important que les ouvriers effeuillent de bas en haut pour éviter de faire suivre avec la feuille des lanières de peau qui occasionnent aux arbres un préjudice irréparable ; c'est d'ailleurs le seul moyen de conserver les sous-yeux situés à l'aisselle des feuilles destinés à réparer l'épuisement causé par la cueillette.

On commencera la cueillette par les mûriers les plus avancés ; ne pas attendre le complet développement de la majeure partie des feuilles, c'est s'exposer inutilement à une perte réelle. Sur des arbres à haute tige, un ouvrier vigoureux, exercé, doit amasser par journée de dix heures 200 kilos de feuilles; sur des mûriers nains, il peut arriver à 3 ou 400 kilos.

Le mûrier comme arbre d'agrément. — Le mûrier offre les qualités de nos grands végétaux les plus précieux; sa feuille est luisante, bien développée, d'un vert gai. Son port est élégant, sa forme se prête à toutes les tailles de fantaisie; enfin, son bois dur et ligneux fait d'excellents échalas, des ouvrages estimés de menuiserie et de charronnage, ainsi que du bois de feu fort apprécié. Ces titres devraient le faire préférer pour parcs, massifs, avenues, au tilleul, à l'érable au charme et autres essences dont la feuille est non-seulement sans valeur, mais dont le bois est loin d'avoir le mérite de celui du mûrier. On ne saurait mieux faire que de remplacer tous les arbres inutiles par des mûriers, de leur donner une large place, dans ces terrains vagues, parfois très-fertiles, toujours fort nombreux, qui entourent nos habitations de campagne; d'en faire des haies pour clore les champs, des avenues, etc.; ces sujets, placés en dehors d'une plantation régulière, peuvent, dans certains moments de pénurie, offrir à l'éducateur des ressources inappréciables.

Maladies du mûrier. — On a écrit de nombreuses pages sur les maladies du mûrier. Sans nous arrêter aux médications indiquées, moyens longs, minutieux, peu pratiques, presque toujours infructueux, nous conseillons d'enlever le sujet malade pour le remplacer par un arbre sain, opération qui doit se faire le plus tôt possible, afin que le terrain ne soit pas infesté des principes morbides laissés par le sujet malade.

Quant aux *chancres*, sorte de mortalité de l'écorce produite par des contusions, il est urgent d'y porter un prompt remède, sous peine de compromettre le sujet.

Si la contusion a lieu pendant l'ascension de la sève, et c'est alors que ses conséquences sont le plus à craindre, on enlève sur un arbre que l'on ne tient pas à conserver et d'un diamètre à peu près égal une plaque d'écorce vive que l'on taille régulièrement. On fait sur l'arbre blessé une incision rectangulaire embrassant toute la partie meurtrie et on y applique cette nouvelle écorce, ayant soin de faire coïncider les deux libers comme dans la greffe à l'écusson; le tout, enduit d'onguent de Saint-Fiacre, est entouré d'une bonne ligature.

Si la contusion a lieu au moment où la sève est stationnaire, on se borne à couper régulièrement les bords de la plaie, dont la partie dénudée est recouverte de cire à greffer.

Lorsqu'une branche importante a été enlevée accidentellement, on pourvoit à son remplacement par une greffe à l'écusson pratiquée un peu au-dessous. La greffe prise, on active son développement en supprimant du bois sur les branches voisines.

Remplacement d'un arbre mort. — Lorsqu'un arbre vient à périr, on doit immédiatement l'enlever et fouiller le sol pour en extraire jusqu'aux moindres racines. Un sujet de deux ans peut être remplacé la même année en ayant soin de remblayer le trou avec de nouvelle terre ; s'il est plus âgé, il faut le laisser ouvert un an avant de procéder à cette opération.

Appréciation de la feuille. — Lorsque la plus grande partie des arbres est feuillée, on doit évaluer approximativement la quantité de feuille qu'on possède pour ne conserver que les vers qu'on peut nourrir. Cette précaution a son importance, car si on venait à manquer de nourriture avant la fin de l'éducation, la spéculation serait manquée. On effeuille cinq ou six arbres offrant la grosseur moyenne de ceux de la plantation, on pèse et on établit son calcul sur la donnée de quinze quintaux ou 750 kilos de feuille par once de graine, de 25 grammes, l'once employée par les auteurs italiens étant de 576 grains ou 30 grammes 528 milligrammes.

Production des mûriers. — Un mûrier à haute-tige, bien conduit, doit donner à sept ans 9 kilos de feuille et 22 kilos à quatorze ans : 115 mûriers, moitié de la plantation d'un hectare que nous supposons soumis à l'assolement biennal, donneront donc à cette époque 2,530 kilos de feuille, de quoi élever plus de trois onces de graine.

400 mûriers nains, moitié de la plantation d'un hectare, donneront, la quatrième année, 3 kilos de feuille par pied ; ce chiffre s'augmentera annuellement de 2 kilos, ce qui portera la production de la plantation à 1,200 kilos au bout de dix ans.

Une haie de 100 mètres de mûriers greffés donnera, la quatrième année, 300 kilos de feuille, qui, s'augmentant d'un kilo par an, arrivera à 600 kilos au bout de dix ans.

Coût de la plantation. — Mûriers haute-tige placés en quinconce à 8 mètres d'intervalle, soit environ 230 par hectare :

Achat de 230 baguettes greffées à 0 fr. 60	138f
Emballage et port	20
Façons des trous à 0 fr. 10 l'un	23
Plantation, douze journées à 2 fr.	24
	205f

1re année, façon d'entretien, vingt journées à 2 fr.		40	
2me année, labour d'hiver, six journées à 2 fr.	12		
Taille, deux jours à 4 fr.	8	38	
Sarclage, trois façons, neuf journées à 2 fr.	18		
3me année, labours d'hiver, douze journées à 2 fr.	24		
Taille, quatre journées à 4 fr.	16	76	
Sarclage, trois façons, dix-huit journées à 2 fr.	36		436
4me année, labour d'hiver, vingt-quatre journées à 2 fr.	48		
Taille, six journées, à 4 fr.	24	132	
Sarclage, trois façons, trente journées à 2 fr.	60		
5me année, labour d'hiver à la charrue, trois journées à 10 fr.	30		
Taille, cinq journées à 4 fr.	20	150	
Sarclage, cinquante journées à 2 fr.	100		
En somme			641f

Cette somme de 641 fr. doit être répartie sur la durée de la plantation, car la dépense annuelle ne sera plus que de 150 fr., plus un léger chiffre destiné à l'amortissement des frais qui ont précédé l'époque de la production. Il en sera de même pour les mûriers nains et les mûriers en haie.

Mûriers nains, espacés de 5 mètres en tous sens, récépés entre $0^{m}40$ et $0^{m}50$ à partir du collet.

Plantation : 400 baguettes greffées, à 50 fr. le cent, ci 200f

A reporter............ 200f

	Report............		200f
	Emballage et port		25
	Trous, même ouverture et profondeur que pour les hautes tiges, à 0 fr. 10 l'un		40
	Mise en place et remblai 50 journées à 2 fr.		100
			365
1re année	façons d'entretien, 40 journées à 2 fr.		80
2me année	Labours d'hiver, 24 journées à 2 fr.	48	
	Taille, 8 journées, à 4 fr.	32	160
	Sarclage, 3 façons, 40 journées 2 fr.	80	
3me année	Labours d'hiver autour des mûriers 24 journées à 2 fr.	48	
	Taille, 10 journées à 4 fr.	40	288
	3 façons superficielles, 100 journées à 2 fr.	200	
4me année	Labours d'hiver, 48 journées à 2 fr.	96	
	Taille, 12 journées à 4 fr.	48	344
	3 façons superficielles, 100 journées à 2 fr.	200	
	En somme		1,237f

Plantation en haie, 100 mètres de longueur, mûriers greffés espacés d'un mètre dans la ligne, tige rabattue à 0m50 du sol.

	Cent baguettes à 50 fr. le cent, ci			50f
	Fossé d'un mètre de large sur 0m50, profondeur			10
	Mise en place et remblai, 3 journées à 2 fr.			6
				66f
1re année	3 façons superficielles, 3 journées à 2 fr. la journée			6f
2me année	Labour d'hiver, 2 journées à 2 fr.	4		
	3 façons superficielles, 3 journées à 2 fr.	6		14
	Taille, 1 journée à 4 fr.	4		
3me année	Labour d'hiver, 4 journées à 2 fr.	8		
	Taille, 1 journée à 4 fr.	4	24	
	3 façons superficielles, 6 journées à 2 fr.	12		88
4me année	Labour d'hiver, 10 journées à 2 fr.	20		
	Taille, 1 journée à 4 fr.	4	64	
	3 façons superficielles, 20 jours à 2 fr.	40		
	En somme			174f

Chiffres et données puisés à diverses sources.

Des résultats généraux de l'enquête décennale de 1862, dernière statistique officielle de la France, il ressort : que les huit départements qui cultivent le plus de mûriers sont : le Gard, 23,265 hectares ; l'Ardèche, 14,099 hectares ; la Drôme, 5,851 hectares ; le Vaucluse, 2,281 ; l'Hérault, 1,859 ; les Bouches-du-Rhône, 2,994 ; le Var, 1,297 et 2,393 hectares disséminés dans vingt-quatre autres départements ; soit pour toute la France, 54,019 hectares ; dans ce chiffre, la Dordogne figure pour 13 hectares seulement.

En 1862, il a été employé en France 5,509,018 quintaux de feuilles qui, à 4 fr. 92 le quintal, ont donné une valeur de 29,444,777 fr.

En 1852, la feuille coûtait 7 fr. 36 et il en a été employé 4,553,220 kilos d'une valeur totale de 33,509,018 fr.

Le prix de la graine a suivi un mouvement inverse : de 4 fr. 94 c. l'once (de 25 grammes), il s'est élevé en 1862 à 13 fr. 51 c., de sorte que la valeur totale pour ces quantités de graine, qui ont varié de 584,559 onces en 1852 à 724,922 onces en 1862, s'est élevée de 2,885,411 à 9,593,342 fr.

Malgré la diminution du prix de la feuille et l'accroissement de la consommation des graines, le poids total des cocons obtenus est descendu de 12,065,542 à 9,758,804 kilos, mais comme le prix des cocons s'est élevé de 4 fr. 62 à 5 fr. 32 le kilo, leur valeur totale a diminué dans une moindre proportion : de 55,689,687 à 51,909,312 fr. (1)

Dans le Midi, un fonds de terre valant 1,000 francs l'hectare ne se vend pas moins de 8 à 10,000 fr. lorsqu'il est planté en mûriers.

Les bénéfices d'une exploitation séricicole bien conduite s'élèvent en moyenne à 15 p. 0/0 du capital employé, tous frais compris.

En 1845, les produits séricicoles atteignirent en France 100 millions de francs.

D'après Dandolo, lorsqu'une once d'œufs produit de 110 à

(1) En 1872, dans la Dordogne, la graine sur toile a valu 20 fr. ; la graine cellulaire jusqu'à 35 fr. l'once de 25 grammes ; les cocons percés 11 fr. le kilo. les cocons étouffés 14 fr. La feuille s'est vendue, le kilo, de 0 fr. 10 à 0 fr. 30. La consommation moyenne a été de 700 kilos de feuille par once de graine de 25 grammes. Ces chiffres exceptionnels ont été amenés par les maladies qui frappent les vers des départements producteurs.

120 livres de cocons, les vers ont consommé 1,630 livres de feuilles et 1,050 si l'once de graine n'a produit que de 50 à 60 livres.

Dans une éducation normale, pour une once d'œufs, on met sur les claies 1,609 livres de feuilles, desquelles il faut déduire pour l'émondage ou épluchure 142 livres, pour l'évaporation ou les résidus 105 livres ; ce qui forme de matière consommée 1,362 livres seulement.

Des œufs, il s'évapore avant l'éclosion le douzième de leur poids (1).

Le poids moyen des coques équivaut au cinquième du poids moyen des œufs.

Il y a 39,168 œufs dans une once.

240 bons cocons doivent faire la livre. Justi et Loiseleur des Lonchamps ont constaté que sous une température de 7 degrés au-dessous de zéro, un ver entièrement gelé, cassant et sonore comme du verre, peut revenir à la vie, à la condition de le ramener graduellement à une température normale.

Que les vers à soie peuvent vivre et faire un cocon à 12° 50, comme ils peuvent résister à 40° de chaleur ; dans le premier cas, ils ont quatre chances de mort sur une de vie, les cocons sont mous et sans valeur. A 17° 50 il y a $\frac{2}{3}$ de perte ; à 18°, les cocons ne sont pas encore très-bons ; où ils acquièrent le plus de qualité, c'est entre 22 et 25 degrés.

D'après Camille Beauvais, sous une température de 40° centigrades, les vers sont vigoureux, dévorent beaucoup de feuille, l'éducation est rapide, mais les cocons sont d'un mauvais tissu. A 50°, les vers cessent de s'alimenter et périssent bientôt.

(1) Chez M. Bonnefon, de Ribérac, 400 papillonnes ont produit en vingt heures, sur toile, le 5 juillet 1872, 200 grammes nets de graine ; dix jours après, elle ne pesait que 190 grammes ; perte, 5 p. 0/0.

DEUXIÈME PARTIE.

SÉRICICULTURE.

L'insecte producteur de la soie nous apparaît sous forme d'œuf, de chenille, de chrysalide et de papillon.

Ce lépidoptère nocturne appartient à la famille des *Bombycites* et fait partie du genre *Bombyx*, de l'espèce *Bombyx mori*, ou *Bombyx sericaria*. On lui a encore donné le nom de *Magnan*, d'où est venu *magnanerie*, local où on l'élève, *magnanier* celui qui le soigne.

En Chine, le berceau du ver à soie, l'exportation des semences était défendue sous peine de mort; cependant vers le VIe siècle des moines de l'ordre de Saint-Basile apportèrent à Constantinople les premiers vers à soie du mûrier en cachant quelques œufs dans des cannes de bambou qui leur servaient de bâton de voyage.

Le papillon du ver à soie, l'insecte parfait, est caractérisé par des antennes pectinées d'un brun jaunâtre, des ailes blanches avec quelques raies brunes, les inférieures plus longues que les supérieures et recourbées en faucille, surtout chez le mâle, toujours plus petit que la femelle. Le corps est blanc, couvert de duvet de même couleur.

La chrysalide, qui retrace les formes rudimentaires du papillon, d'abord d'un jaune blanchâtre, devient de couleur bistre à mesure qu'elle approche de sa transformation en papillon.

La chenille, nommée vulgairement *Ver à soie*, est pubescente, noirâtre au sortir de l'œuf, puis successivement glabre et de couleur plus claire chaque fois qu'elle change de peau. Elle a seize pattes, six écailleuses, dix membraneuses; sa tête est de substance cornée, munie de puissantes mâchoires en forme de scie qui se meuvent horizontalement; le dernier anneau postérieur est surmonté d'une sorte de queue également cornée.

Sous la mâchoire se trouve la *filière* par où s'épanche la substance soyeuse; les pattes écailleuses placées sous les trois premiers anneaux ne peuvent s'allonger ou se raccourcir, les autres sont flexibles, armées d'une double couronne de petits crochets que l'animal peut faire entrer ou sortir comme le chat fait de ses griffes ; elles disparaissent lorsque la chenille se métamorphose en papillon ; les six premières subsistent, mais sensiblement modifiées.

La rapide croissance qui se produit dans la chenille, ne permettant pas sans doute à la peau de se distendre suffisamment, celle-ci tombe pour être remplacée par une autre plus souple qui se détache à son tour pour être suivie d'une troisième et ainsi de suite ; cette transformation, qui se renouvelle quatre fois durant les cinq âges, prend le nom de *mue* ou *sommeil*.

Après la dernière mue, la chenille file son cocon, enveloppe soyeuse dans laquelle elle se renferme, pour passer à l'état de *chrysalide* ou *nymphe*, puis à celui de papillon.

Les fils dont est formé le cocon sont reliés entre eux par une substance gommeuse que l'eau tiède dissout lorsqu'on veut le filer.

La soie provient de deux glandes occupant toute la longueur du corps et dont la couleur dans les races jaunes se voit au travers de la peau. Ce fil est formé de deux brins tordus ensemble par l'insecte au moyen de petits muscles, avant de sortir de la filière. Dans la glande la matière est visqueuse ; elle se solidifie au contact de l'air dans l'intérieur même de la bouche du ver.

Lorsque l'insecte se raccourcit rapidement, indice certain qu'il deviendra *tapissier*, c'est-à-dire qu'au lieu de faire un cocon il formera comme une plaque de soie, on le fait macérer dans du vinaigre, puis on retire les deux glandes que l'on ouvre. Il en sort un filet visqueux qu'on allonge en le mettant à l'air où il se solidifie. On obtient ainsi ce fil résistant servant à attacher l'hameçon de la ligne et connu sous le nom de *crin de Florence*.

Le fil d'un cocon ordinaire bien formé mesure 1,000 mètres; ceux de quarante mille cocons, mis bout à bout, feraient le tour du globe.

Les vers à soie font des cocons de couleur blanche, blanc pâle, jaune soufre, jaune orange ou verdâtre ; les premiers sont les plus estimés.

Que les vers soient gris, noirâtres ou tigrés, ils donnent toujours des cocons semblables aux autres.

Plus on élève la température de la magnanerie, plus le ver consomme de feuilles, plus courte aussi est son existence ; cette propriété permet de régler, jusqu'à un certain point, la dépense de la feuille avec la production des mûriers. Dans des conditions ordinaires, de la naissance du ver à la récolte des cocons, on compte en moyenne quarante jours et trente-cinq seulement dans les années très-chaudes.

Les œufs de vers à soie n'éclosent pas comme ceux des autres animaux par le fait de l'incubation, mais sous la seule action d'une température déterminée.

Comme il est de l'intérêt de l'éducateur que le ver n'arrive qu'à l'époque où le mûrier a suffisamment développé ses feuilles, on doit, aussitôt que les premières chaleurs se font sentir, placer la graine dans une cave fraîche, sombre, dépourvue de toute humidité et dont la température soit au-dessous de 17 degrés centigrades 1/2.

Dans certaines magnaneries on fait éclore artificiellement au moyen d'étuves que l'on chauffe graduellement pendant douze jours et qu'on amène successivement de 17 degrés 1/2 à 27 degrés 1/2 centigrades. Dans d'autres contrées, on met la graine sous l'oreiller du lit ou on la porte sur soi ; en Périgord, la température normale est suffisante.

Cependant, comme il peut arriver que l'air se refroidisse subitement au moment de l'éclosion, il est nécessaire dans ce cas d'avoir sinon une étuve, ce que tout le monde ne peut se procurer, du moins un poële pour élever la température de la magnanerie. L'air trop sec favorisant mal l'éclosion, on met de l'eau dans un vase pour que la chaleur du poële en vaporise une certaine quantité ; on peut encore avoir recours au procédé décrit, en ces termes, par notre habile sériciculteur de Ribérac, M. Bonnefon :

« Lorsque les feuilles de mûriers sont assez développées, on retire les boîtes de la cave, on les place dans une chambre où elles restent cinq à six jours afin d'éviter un changement trop brusque de température.

» Le moment de l'éclosion arrivé, on place ces boîtes dans une plus grande, de façon à avoir une dizaine de centimètres de libres autour des petites boîtes ; on place le tout sur la cheminée d'une petite chambre, à côté d'un thermomètre, on entretient du feu et une température constante de 20 à 22 degrés centigrades. Comme l'humidité est indispensable à une éclosion facile, on a de l'eau bouillante dans laquelle on trempe des bandes de flanelle qu'on porte immédiatement dans la grande boîte autour des petites contenant la graine ; on recouvre le tout avec une étoffe de molleton, afin que la vapeur humide ne puisse s'échapper de la boîte; on renouvelle cette simple opération cinq à six fois depuis les six heures du matin jusqu'à neuf heures du soir, c'est-à-dire jusqu'à la fin de l'éclosion de chaque jour. Dans l'espace de trois jours tout est fini : éclosion complète. » (1)

Plongés dans l'eau tiède, les œufs fécondés vont au fond du vase, ceux qui ne le sont pas nagent à la surface ; ces derniers sont sans valeur.

La couleur gris cendré qu'avaient les œufs lorsqu'on les a soumis à l'éclosion se rapproche peu à peu du bleu d'azur, redevient cendrée, jaunâtre, enfin d'un blanc sale au moment de la naissance.

Lorsque l'éclosion commence, on met sur les œufs des feuilles de papier percées à l'emporte-pièce, et recouvertes de quelques rameaux de mûrier, ayant soin de choisir les plus tendres. A mesure que les vers naissent, ils passent par les ouvertures du papier et s'attachent aux feuilles de mûrier, ce qui permet de les recueillir pour les placer sur d'autres claies ; il est fait de quatre à cinq levées dans le courant de la journée. La naissance est la plus abondante du lever du soleil jusqu'à midi ; après cette heure, elle se ralentit et devient nulle pendant la nuit.

Dandolo fixe à treize jours le temps nécessaire pour faire éclore les vers en les soumettant à une température allant de 17° 1/2 à 27° 1/2 centigrades. Boissier de Sauvage de quatre à cinq jours, mais en les exposant à une température de 37 à 40° centigrades, ce qui en fait périr beaucoup.

On doit disposer les vers sur la claie le plus régulièrement possible, afin que la nourriture soit uniformément répartie. Si on s'aperçoit que les vers s'accumulent en certains endroits, on y place quelques feuilles tendres qu'ils s'empressent de couvrir ; on les enlève délicatement pour les placer dans les endroits où ils sont le plus clair-semés.

On doit avoir également la précaution de mettre ensemble les premiers nés ; les mêler avec ceux d'une plus récente éclosion, par conséquent moins vigoureux, serait s'exposer à en perdre beaucoup dans la litière au moment du délitement. Il est bon, dans ce cas, de mettre aux claies des numéros correspondants à la date de leur naissance, ce qui indique aussi avec plus de certitude l'époque des mues.

Peu de propriétaires, même dans les pays où l'élève des vers à soie est le plus répandu, se décident à construire des bâtiments spécialement affectés à une magnanerie ; soit par

(1) *Annales de la Société départementale d'agriculture*, tome XXIII, VIIIe livraison, août 1872, p. 690.

suite des frais toujours élevés que coûtent ces sortes de constructions, soit à cause du peu de temps que dure l'éducation. La plupart se bornent à y approprier des bâtiments existant déjà. Les petites éducations, celles qui réussissent le mieux du reste, se font dans le midi au logement même des cultivateurs. Ce n'est qu'au commencement du quatrième âge que les vers ont besoin d'un grand emplacement, car au troisième ils n'occupent guère que la sixième partie de l'espace qui leur sera nécessaire à la fin du cinquième ; à ce moment, il n'est pas rare de voir les paysans des Cévennes déménager de l'unique chambre qui leur reste, aller loger au grenier, dans les granges, au bivouac, quand ils ne peuvent disposer d'un espace suffisant.

Lorsqu'on aura le choix du local, on optera pour un bâtiment situé sur un coteau élevé, où l'air soit habituellement sec et agité, les brouillards peu à craindre, les ouvertures vastes (1), placées de l'est à l'ouest, celles du nord donnant du froid, et trop de chaleur celle du sud. On aura soin, autant que possible, que la principale entrée n'ouvre pas immédiatement sur la magnanerie, afin d'éviter l'accès immédiat de l'air extérieur.

La grandeur du bâtiment doit être en rapport avec la quantité de vers qu'on a l'intention d'élever, en se basant sur l'espace qu'ils doivent occuper dans le dernier âge, soit au moins 50 mètres superficiels de claies pour une once de graine (2), en supposant le plafond élevé de 3 mètres. Si l'on peut disposer de trois pièces, on fait éclore les vers dans la plus petite, plus facile à chauffer ; à la fin du second âge, on les place dans la seconde, puis, à mesure qu'ils grossissent on les transporte dans le grand atelier où doit se terminer l'éducation. Un bon poële, en faïence ou en brique, pour faciliter la prise d'air, quelques soupiraux au niveau du plancher ; une cheminée d'appel, ou, à son défaut, une cheminée ordinaire ne fumant pas, un thermomètre et un hygromètre ; des étagères en bois blanc, des échelles, un coupe-feuille, quelques paniers et corbeilles compléteront les accessoires de toute magnanerie.

(1) On sait que sous l'influence de la lumière solaire les végétaux rejettent de l'oxygène et dans l'obscurité du carbone. Ce dernier gaz est particulièrement délétère.

(2) Nous croyons utile de faire remarquer aux personnes qui s'occupent pour la première fois de l'éducation des vers à soie que l'once, dans le langage séricicole, représente 25 grammes.

Les étagères seront placées au milieu de l'atelier et non le long des murs afin de faciliter la libre circulation de l'air ; elles se composeront d'une double rangée parallèle de poteaux en bois de peupliers ou de sapin de 8 centimètres d'épaisseur, fixés au plancher inférieur avec des tasseaux ; aux solives du plancher supérieur avec des vis à bois, distancés d'un mètre sur la ligne, d'un mètre entre eux et de 60 à 70 centimètres entre les lignes pour faciliter le service. Des traverses fixées horizontalement à ces montants (1) tous les 60 centimètres en allant du plancher au plafond pour supporter les planches (des voliges sont suffisantes) formeront étagères. Sur le bord extérieur de chacune, on cloue une planche de champ de 0m10 de largeur pour éviter que les vers ne tombent au dehors. Rien ne détermine la largeur des rayons; quelques éducateurs mettent 1m50 ; nous les préférons d'un mètre tant pour faciliter le service au centre que pour éviter, dans le bois, les fausses coupes. L'installation indiquée a l'avantage de pouvoir se démonter facilement pour disposer du local jusqu'à l'éducation prochaine. Les propriétaires du Périgord qui ont fait construire des séchoirs à tabac peuvent avec avantage les convertir en magnaneries, ces deux récoltes ne se faisant pas aux mêmes époques.

Chaque étagère est entièrement recouverte de papier un peu fort pouvant résister au balayement journalier de la *litière ;* on nomme ainsi les débris de feuilles mêlés aux sécrétions que laissent les vers lorsqu'ils passent sur un nouveau lit. Un petit balai plat en sorgho ou bruyère sert à effectuer cette opération qu'on appelle le *délitement*.

L'espace nécessaire au ver dans le premier âge, c'est-à-dire depuis l'éclosion jusqu'à la première mue, est de 1 mètre carré par once de 25 gr. ; jusqu'à la seconde mue, de 2 mètres ; jusqu'à la troisième, de 3m50 ; jusqu'à la quatrième, de 12 mètres ; enfin, lorsqu'il entre dans le cinquième âge, terme de son existence, 50 mètres au moins sont nécessaires.

Premier âge. — Au moment de sa naissance, le ver a un peu plus de deux millimètres de longueur et pèse environ 5 dimilligrammes ; son corps est noirâtre, hérissé de poils ; sa tête écailleuse, d'un noir luisant.

On peut, dans une certaine mesure, régulariser le déve-

(1) Dans les locaux accessibles aux rats il est de bonne précaution d'envelopper la base de chaque pilier d'une plaque de zinc de 0m30 cent. de hauteur, afin que ces rongeurs dangereux ne puissent escalader les étagères.

loppement des vers qui naissent à diverses heures de la journée en rapprochant le nombre des repas pour les derniers nés; quant à ceux qui arrivent à plusieurs jours d'intervalle, il est indispensable de les mettre sur des étagères différentes désignées par des numéros. On donne régulièrement chaque jour quatre repas qu'on distribue à six heures d'intervalle; la moindre quantité de feuilles au premier, en forçant graduellement la dose jusqu'au dernier, mais de façon à ne pas dépasser 0k375g par once le premier jour. On choisit les pousses les plus tendres si la feuille est encore peu développée; dans le cas contraire, on la coupe très-menue avec des ciseaux. Le premier âge dure cinq jours pendant lesquels les vers d'une once recevront 2k925g ainsi répartis : 0k375g le premier jour, 0k600g le second, 1k200g le troisième, 0k600g le quatrième, 0k150g le cinquième. On fera, si cela est nécessaire, une légère distribution intermédiaire entre les repas.

Le deuxième jour du premier âge, le ver commence à changer d'aspect; il est moins hérissé, sa couleur prend une teinte noisette; sa tête, de couleur plus claire, grossit sensiblement; caractères qui s'accentuent chaque jour davantage. Au commencement du quatrième jour, beaucoup de vers commencent à se dresser, secouent la tête, mangent avec moins d'appétit, le corps devient translucide, plusieurs ont déjà l'immobilité du sommeil. Le cinquième jour, on répand encore un peu de feuilles, mais très-légèrement. A la fin de ce jour, tous les vers sont assoupis, quelques-uns même commencent à s'éveiller.

Deuxième âge. — Au deuxième âge, le ver a 9 millimètres de long et pèse 6 milligrammes; sa couleur est celle de l'ardoise; il accuse un mouvement vermiculaire très-prononcé; les poils se sont raccourcis, on les distingue difficilement à l'œil nu; le museau de noir, dur, écailleux, est devenu blanchâtre et mou; il est vrai qu'au bout de quelques heures il reprend son premier aspect; sur le dos apparaissent, vis-à-vis l'une de l'autre, deux petites lignes en forme de croissant, comme deux parenthèses. La température doit être maintenue entre 22° et 25° centigrades. On enlève la litière alors seulement que tous les vers sont éveillés, ce qui peut durer de 20 à 30 heures pour chaque mue; pendant ces 20 ou 30 heures, on ne donne aucune nourriture. Le premier jour du second âge, sixième de l'éclosion, on donne 1k800g de feuille mondée. A cet âge, le délitement peut encore se faire à l'aide de jeunes rameaux disposés régulièrement sur la claie, rameaux qu'on enlève délicatement aussitôt qu'ils sont chargés de vers pour les déposer sur une claie voisine semblablement disposée. Plus tard on fera le délitement d'une façon plus expéditive en étendant sur les vers, comme nous l'avons dit, une large feuille de papier percée à l'emporte-pièce de trous symétriquement disposés, et couverte de feuilles fraîches, ou à l'aide de filets construits pour cet usage; les vers passent par les issues et montent à la surface; on saisit ce moment pour enlever avec la nouvelle feuille les vers qui la couvrent, ce qui permet de recueillir et jeter au dehors de la magnanerie la litière de la couche inférieure.

Cette litière contient parfois quelques vers retardataires peu vigoureux ou malades; on ne doit pas hésiter à les sacrifier, ou tout au moins à les mettre à part.

Le septième jour, il faut 3 kilos de feuilles mondées coupées menues qu'on donne en quatre fois à 6 heures d'intervalle comme précédemment. Les derniers repas doivent être les plus copieux.

Le huitième jour 3k300g. Cette fois les premiers repas sont les plus copieux, attendu que vers la fin de ce jour beaucoup de vers tiennent la tête levée et ne mangent plus, indice de l'approche du deuxième sommeil ou seconde mue.

Le quatrième jour du second âge, neuvième de l'éducation, 900 grammes de feuilles suffisent. On a soin de la distribuer légèrement et à de fréquents intervalles pour ne pas interrompre le sommeil qui est général sur la fin de cette journée, terme de la deuxième mue. Dans cette période le ver a crû des deux tiers de sa longueur et de cinq fois son poids primitif, ce qui ne donne plus que 610 vers à l'once au lieu de 3,840.

A mesure que le ver grossit, les matières secrétées à la suite de la respiration ou des fonctions digestives sont plus abondantes; la feuille dont le poids augmente exhale plus d'humidité; c'est le moment de donner de l'espace aux vers (ce qu'on appelle *dédoubler*, parce que d'une claie on en fait deux) et de commencer à mettre en œuvre les procédés de ventilation que l'on possède; le soupirail du plafond, celui de la porte d'entrée, suffisent souvent pour remplacer par l'air extérieur l'air vicié de la magnanerie. On doit pendant ce temps surveiller son thermomètre et refermer les issues lorsque la température a baissé d'un degré.

Troisième âge. — Le dixième jour de l'éducation, premier du troisième âge, les vers doivent être tous réveillés, ce qui se reconnaît au mouvement uniforme et ondulatoire qu'ils font avec la tête si on souffle horizontalement sur la claie. A cet âge, le ver mesure environ 15 millimètres et pèse 54 milligrammes. Son museau s'est allongé; de noir il prend une teinte rousse, son corps est ridé, d'une couleur se rapprochant du chamois. A sa surface, il semble n'avoir plus de poils; dans ce troisième âge, lorsque les vers mangent, on commence à entendre un petit bruit assez semblable à celui que produit le bois vert qui brûle; il est occasionné par le déplacement des pattes sur la feuille.

Dans le troisième âge, la température doit être de 21° à 22° centigrades.

Le premier jour du troisième âge on donne 3 kilos de jeunes rameaux et de feuilles mondées.

Le deuxième jour, 9 kilos sont nécessaires les deux derniers repas doivent être les plus copieux, à la fin de cette journée les vers ayant un grand appétit.

On donne le troisième jour 9 kilog. 700 grammes, les premiers repas plus copieux. A la fin de cette journée l'appétit diminue, leur corps, qui a considérablement grossi, devient d'une couleur ambrée, transparente, comme enduit de poussière, la tête s'allonge, de fréquentes contorsions indiquent l'approche du troisième sommeil.

Le quatrième jour il ne faut que 5 kilog. 200 grammes de feuille, car beaucoup de vers sont déjà assoupis; le plus fort des quatre repas doit être le premier. Ici comme dans les autres âges, c'est à l'éducateur de surveiller sa chambrée; si quelques vers ont encore besoin de manger, il fera une distribution supplémentaire, l'abondance de la nourriture hâtant toujours l'assoupissement.

Le cinquième jour, il faut 2 kilog. 700 grammes. Depuis la veille les vers commencent à jeter de la bave soyeuse, dressent la tête, cherchent à s'isoler. Dans ce moment l'air de l'atelier doit être calme, la température la plus égale possible, ce qui s'obtient en ouvrant plus ou moins les soupiraux du plafond et du plancher. Dans le troisième âge le poids de ces insectes a quadruplé; après la seconde mue 610 vers pesaient une once, maintenant 144 forment le même poids.

Le sixième jour du troisième âge, quinzième de l'éducation, les vers s'éveillent ayant terminé leur troisième mue. On les aura délités deux fois et dédoublés une fois durant cet âge.

Quatrième âge. — Au quatrième âge, le ver mesure 27 millimètres et pèse 216 milligrammes; il lui faut une température de 20° à 21° centigrades.

Ce quatrième âge, qui dure sept jours, exige pour le premier jour 9 kilog. 700 de feuilles; pour le second, 16 k. 500; pour le troisième, 22 k. 500 ; pour le quatrième, 25 k. 500 ; pour le cinquième, 12 k. 800 ; le sixième, 3 k. 500 ; en tout, 90 k. 500.

Le sixième jour quelquefois, les vers sommeillent et accomplissent leur quatrième mue. A cet âge, on aura coupé la feuille plus grossièrement, dédoublé une fois et délité trois fois.

Dans cette période, les vers ont augmenté de plus de quatre fois leur poids ; de 144 il n'en faut plus que 35 pour faire l'once.

Si la température extérieure est bonne, on peut ouvrir les croisées de la magnanerie. Si le contraire a lieu on renouvelle fréquemment et énergiquement l'air intérieur en faisant du feu et ouvrant les soupiraux du plancher. Une bonne ventilation est plus que jamais indispensable pour chasser l'humidité nauséabonde et infailliblement pernicieuse produite par la fermentation des feuilles et la respiration des insectes.

Cinquième âge. — Au commencement du cinquième âge, le ver mesure cinq centimètres et pèse 1 gramme 8 centigr. suivant les races. Le septième jour, du cinquième âge, le vingt-neuvième de l'éducation, il mesurera jusqu'à 9 centimètres et pèsera 5 grammes 166 milligrammes. C'est l'époque de sa vie où il a le plus de longueur et de poids. On mettra l'atelier de 20° à 20° 1/2 centigrades. On délitera tous les jours et on dédoublera aussi souvent que cela sera nécessaire pour que l'espace qui sépare les vers soit à peu près égal à celui qu'ils occupent sur les claies.

La couleur des huit pattes postérieures indique alors celle qu'aura le cocon ; elles sont blanches ou jaunes suivant la couleur de ce dernier. C'est aussi le moment de se procurer amplement de la feuille, car cette époque est celle où, dans le même temps, le ver en consommera le plus. On donne de la feuille cinq fois par jour, les couvrant abondamment à chaque distribution; elle peut être donnée entière sans inconvénient; comme les vers font beaucoup de litière, il est urgent de les changer de place au moins le quatrième et le septième jour, en augmentant chaque fois l'espace qu'ils occupent. Les auteurs indiquent à ce moment de 40 à 50 mètres superficiels par once ; nous n'hésitons pas à conseiller de leur donner le double si c'est possible, l'espace et par suite la libre circulation de l'air étant une condition indis-

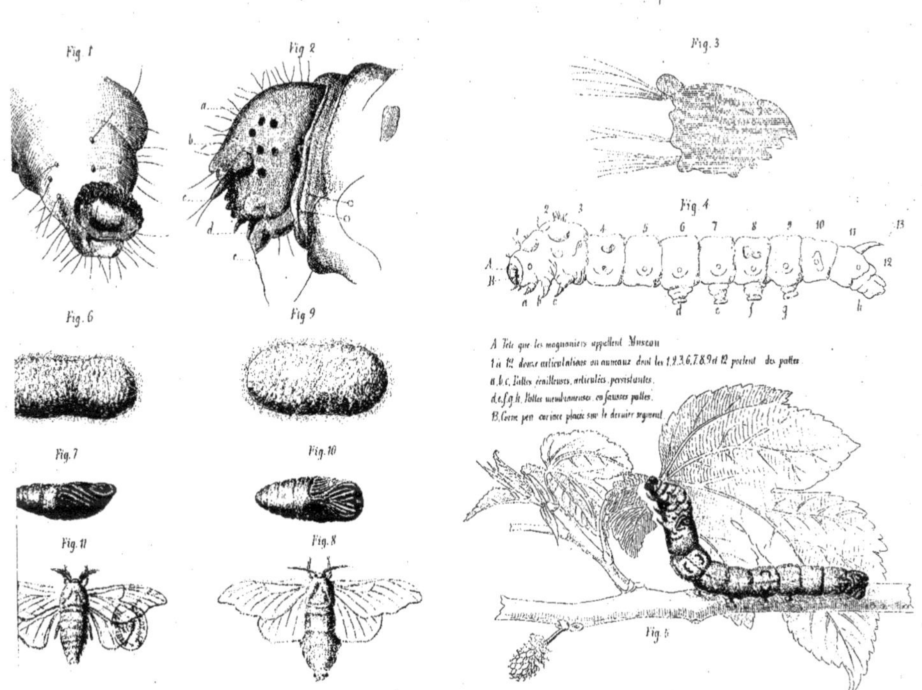

atte membraneuse du ver à soie grossie au microscope.— *Fig. 2*. Tête et mandibule du ver a soie, c, Filière (Lèvre inférieure) par ou sort la soie, a, b petits oirs, les organes de la vue, yeux, c, antennes ou palpes — *Fig. 3* — Mandibule destinée à broyer la feuille — *Fig. 4*. (voir les explications sous la figure er à soie à la fin du 5e âge, état de maturité, à la monte — *Fig. 6, 7 et 11* — Cocon, chrysalide et papillon présumés mâle — *Fig. 9, 10 et 8*. — Cocon, chrysalide lon présumés femelle.

pensable de succès. On sait que ces insectes ne respirent pas comme nous, par la bouche, mais à l'aide de trous ou stigmates placés latéralement le long du corps à l'orifice des trachées. S'ils se touchent les uns les autres, la respiration et la transpiration se trouvent gênées, il en résulte un trouble dans les fonctions, par suite des maladies.

A cette époque de son existence, le ver, qui mange dans un seul repas jusqu'à 28 kilos de feuille par once et pour toute la période du cinquième âge, 525 kilos, dévore avec une telle avidité, quitte si fréquemment la position qu'il occupe sur la feuille qu'il fait avec les pinces un bruit semblable à celui d'une forte pluie sur un toit. Les cinquième, sixième et septième jours du cinquième âge, époque du plus grand appétit où le ver fait au moins six repas, se nomme *grande frése*.

Le premier jour du cinquième âge, le vingt-troisième de l'éducation, vers midi, tous les vers étant éveillés, on leur donne 18 k., 27 k. le second, 42 k. le troisième, 54 k. le quatrième, 81 k le cinquième, 97 k. 500 le sixième, 90 k. le septième, 66 k. le huitième, 49 k. 500 le neuvième et dernier jour, trente-unième de l'éducation, ce qui fait pour toute son existence une consommation totale de 657 k. 029 grammes. C'est à cette époque que le ver *mûrit*. Il monte sur la feuille sans la manger, lève souvent la tête, erre sur le bord des claies et cherche à grimper; à ce moment, son corps se raccourcit, son cou se ride; il offre dans son ensemble une couleur jaunâtre translucide, assez semblable en effet à celle d'un fruit mûr; on doit s'occuper de le déliter pour la dernière fois et de préparer l'*encabanage*.

Le nettoiement des claies terminé, on prépare les objets destinés à recevoir les cocons. Ces sortes de palissades ou cabanes se font avec de la paille de colza, de la bruyère dépourvue de ses feuilles, du genêt, des tiges de chicorée sauvage; et on emploie encore des cadres dont l'intérieur est occupé par une double rangée de liteaux alternés de façon à ce que le ver puisse fixer son cocon dans les intervalles comme dans la *coconnière Davril*.

A cette époque, 21° c. de chaleur suffisent à l'atelier, dont on peut même ouvrir les croisées et les portes, si l'air extérieur est calme et suffisamment sec.

A compter du moment où le ver commence à jeter sa *bave* ou *bourre de soie*, c'est-à-dire ses premiers fils, jusqu'au moment où le cocon est terminé, les vers sains et vigoureux auront mis de trois à quatre jours au plus.

Les vers retardataires doivent être enlevés et placés à part dans une pièce chauffée de 24 ou 25 degrés centigrades, pour hâter leur dernier travail. On continue bien entendu à leur distribuer toujours un peu de feuille tant qu'ils cherchent à manger.

Sixième âge. — Le sixième âge commence à la métamorphose du ver en chrysalide, c'est-à-dire le quatrième ou le cinquième jour après qu'il a commencé de filer.

On appelle *déramer* détacher les cocons des cabanes; cette opération se fait quatre jours après que les derniers vers ont fini de filer. On met les cocons dans des corbeilles en ayant soin de séparer ceux qui sont doubles, mal conformés ou qui fléchissent trop facilement sous la pression du doigt.

Nous avons dit que dans une éducation bien conduite une once de graine peut produire de 60 à 65 kilos de cocons; dans le Midi la moyenne est de 40 k.; que 480 à 320 cocons, suivant la race, doivent faire le kilog.; 14 onces de cocons fournir une once de graine, mais on prend ordinairement autant de livres de cocons qu'on veut faire d'onces de graine.

Les meilleurs cocons pour graine sont gros, réguliers de forme, résistants, ceux dont la dépression centrale est la plus accusée.

Il y a peu de signes bien certains pour distinguer les sexes à l'inspection des cocons, cependant on a remarqué que ceux qui contiennent les papillons mâles sont plus petits, un peu pointus par les deux bouts; on devra donc choisir pour graine la moitié de ceux-ci et la moitié des autres; la bourre de soie qui se trouve plus ou moins abondante sur la surface des cocons réservés pour graine sera soigneusement enlevée comme pouvant gêner le papillon à sa sortie. (Cette bourre cardée avec les déchets forme la *filoselle*); cela fait, on place les cocons dans des boites par doubles rangées qu'on met dans une chambre dont la température est maintenue entre 19 et 22 degrés centigrades n'offrant aux rats aucune issue. On peut encore à l'aide d'une aiguille les enfiler en chapelet pour les suspendre au plafond de la magnanerie.

Ceux qui sont destinés à être vendus aux filatures sont étouffés, c'est-à-dire soumis à une étuve ou à un four dont la température marque de 62 à 75 degrés pour en faire périr la chrysalide.

L'éducateur qui n'extrait pas lui-même la soie de ses cocons doit se hâter de les vendre aussitôt après le déramage, s'il ne veut subir dans le poids une perte qui peut être, au troisième jour du vingtième, au douzième jour du huitième, au bout d'un mois d'un tiers, enfin qui peut atteindre la moitié et même les 2/3 du poids primitif.

Les papillons sortent des cocons de 16 à 25 jours après qu'ils ont commencé de filer suivant le degré de température auquel ils sont soumis.

C'est de 5 heures du matin à midi que les papillons, ayant humecté l'extrémité du cocon pour en écarter plus facilement les fils, car ils ne les brisent pas, se séparent de leur coque ; rarement arrivent-ils le soir, jamais la nuit.

Lorsque les papillons sont accouplés, on les met dans des tiroirs ou des boîtes en carton au fond desquelles on place la feuille de papier ou l'étoffe destinée à recevoir les œufs.

La copulation dure de 8 à 10 heures; après ce temps quelques éducateurs croient utile de l'abréger; nous pensons qu'il est préférable de laisser faire la nature.

Chaque femelle pond environ 500 œufs, la plus grande partie dans les premières 36 heures.

Du grainage cellulaire. — Voici comment M. Pasteur décrit ce procédé, qui a pour but la réunion des pontes pures :

« Dans une chambre peu éclairée, assez fraîche, tendez d'un mur à l'autre des ficelles passées dans de petits morceaux de toile de 6 centimètres sur 8.

» Dans une pièce voisine, offrant les mêmes conditions, disposez verticalement les *filanes* des cocons que vous destinez au grainage. Voilà tout le travail préliminaire; nul besoin de numéroter les toiles. Pour une once, il faut préparer environ cent de ces petits carrés. Il n'y a pas lieu de disposer dès l'origine toutes les ficelles avec leurs toiles ; car les rangées du premier jour peuvent être détachées et suspendues en paquets le troisième jour d'après, puisque les femelles du premier jour auront, alors, achevé leur travail. Il suffit donc, à la rigueur, d'avoir assez de place pour la sortie des papillons pendant trois jours consécutifs seulement.

» On laisse l'accouplement se produire comme dans un grainage ordinaire. Les couples sont réunis pêle-mêle sur des tables quelconques.

» De 4 à 6 heures du soir, on porte séparément tous les couples sur les petits carrés de linge, puis aussitôt après on les découple en jetant les mâles sans s'inquiéter de leur état plus ou moins corpusculeux. Après que les femelles ont pondu, on les enferme chacune respectivement dans son linge à l'aide d'une épingle, en passant celle-ci de préférence au travers des ailes, pour que le papillon ne puisse voyager. On réunit ensuite les extrémités de chaque ficelle, en s'arrangeant de façon qu'il y ait de l'air entre les lignes, et, à temps perdu, pendant l'automne ou l'hiver, on examine au microscope, chacune des femelles, en jetant, au fur et à mesure, les pontes de toutes celles qui offrent des corpuscules.

» Enfin on réunit en les détachant par le lavage, toutes les pontes; puis, après dessication rapide à l'air, on conserve la graine dans une chambre située au nord, sèche et aérée. Il est bon de la renfermer dans des sacs de mousseline claire jusqu'au moment de l'incubation et toujours sous une faible épaisseur, d'un demi centimètre par exemple. On sait que le froid de l'hiver est nécessaire à la graine, il ne faut donc pas le craindre, mais se défendre bien plutôt contre une température trop douce. »

Les papillons ne prennent aucune nourriture et meurent du dixième au dix-neuvième jour qui suit leur naissance.

On conserve les œufs, ainsi qu'il a été dit, dans des sacs en mousseline ou des boîtes percées de petits trous qu'on place dans un lieu sec et à l'abri des souris. Lorsque la température s'élève on les descend à la cave, où on a soin de les remuer de temps à autre jusqu'à l'éclosion.

Quelques personnes font successivement plusieurs éducations dans la même campagne. Nous blâmons énergiquement ce procédé, qui doit amener, tôt ou tard, la destruction des mûriers et la dégénérescence des vers à soie.

Maladies des vers. — Les vers à soie sont sujets à un grand nombre de maladies : l'une d'entre elles, la *pébrine*, a pris même depuis quelques années une telle gravité qu'elle a causé la ruine de presque tous nos centres séricicoles. La réputation des éducations de Ribérac tient à ce que la graine conservée pure dans de petites chambrées dirigées avec soin a été jusqu'à ce jour complétement à l'abri de la contagion.

Les causes des diverses maladies que la domesticité fait naître sont attribuées :

1° Aux écarts et aux brusques transitions de température ;

2° A l'insalubrité des ateliers où règne un air chaud, humide, stagnant, délétère, lorsque les vers sont entassés dans un espace insuffisant, que le délitement est mal fait, incomplète l'aération ;

3° A la mauvaise qualité de la feuille ;

4° Au peu de soin qu'on met à approprier l'état de la feuille à l'âge de l'insecte ;

5° A l'insuffisance des repas ;

6º Au trop d'humidité de la feuille;

7º A un principe contagieux.

Enfin, à des causes fortuites, détonations, électricité, odeurs insalubres, courants épidémiques, etc., qui apportent le trouble dans les fonctions de l'économie de ces insectes.

Les maladies sont, comme nous l'avons dit, fort nombreuses, et pour la plupart encore mal définies. Quelques-unes peuvent être prévenues par des soins intelligents, aucune n'a été traitée encore avec succès.

Ici, comme pour tous les animaux, plus d'hygiène que de médecine est ce qu'il y a de mieux.

Atrophie, rachitisme. — Le ver atteint de cette affection est plus court, plus petit; on l'attribue à l'altération de la semence par suite d'une éclosion mal dirigée. C'est la même maladie que la pébrine que nous décrivons plus loin.

Gangrène. — Cette maladie réduit le ver en matière visqueuse, noirâtre et fétide. On pense qu'elle est la résultante de trois maladies combinées : l'*atrophie*, la *jaunisse*, l'*apoplexie*.

Marasme. — Le ver malade est court, ridé, engourdi, paresseux, de couleur brunâtre, montrant parfois les formes élémentaires de la future chrysalide. Cette maladie a divers degrés d'intensité ; tous les vers ne meurent pas sans filer, mais la soie est toujours de fort médiocre qualité.

Hydropisie.—Les caractères de l'hydropisie sont une locomotion lente, peu d'appétit, le corps enflé, surtout la tête, la peau très-luisante et presque diaphane. Elle a pour cause un excès d'humidité.

Diarrhée. — A beaucoup de rapport avec la précédente, dont elle diffère cependant en ce que les excréments des vers sont liquides. On l'attribue aux feuilles du mûrier attaqué de la rouille.

Muscardine. — Voici comment M. Guérin-Menneville décrit cette maladie : La muscardine présente un phénomène bien remarquable ; aucun symptôme particulier, seulement quelques heures avant la mort, le ver, qui a mangé jusque-là comme à l'ordinaire, paraît d'un blanc un peu mat, surtout dans les derniers âges ; ses mouvements deviennent plus lents, les battements du vaisseau dorsal se ralentissent et finissent par devenir insensibles ; au moment de la mort le ver est ordinairement mou et flasque, il ne durcit que 7 à 8 heures après et n'acquiert qu'après 15 heures toute sa rigidité.

Sa couleur est alors rougeâtre. Au bout de 24 heures une efflorescence blanche se manifeste autour du museau et des anneaux, bientôt elle recouvre tout le corps et devient d'autant plus abondante que l'air est plus chaud et plus humide. Lorsque la maladie sévit avec intensité, les vers meurent comme foudroyés, la mort les saisit dans toutes les postures.

Après avoir pensé dix ans que le cryptogame (botrytis bassiana) était l'unique cause de la maladie, Guérin-Menneville a reconnu qu'il n'en était que la terminaison : que cependant lorsque les propagules de cette production étaient inoculés sur des sujets déjà affaiblis ils pouvaient agir comme virus contagieux.

Voici maintenant l'opinion de M. Pasteur : Le parasite de la muscardine se comporte tout autrement que ceux de la pébrine et ceux de la flacherie. Ici, pas d'hérédité possible, parce que la chrysalide atteinte de muscardine périt toujours avant d'avoir pu se former en papillon ; le germe du botrytis bassiana ne peut donc jamais s'introduire dans les œufs. En d'autres termes, la muscardine est toujours une maladie accidentelle, quoique essentiellement parasitaire comme la pébrine.

Flâcherie. — Les vers atteints de flâcherie ne mangent plus ou très-peu et se montrent étendus sur le bord des claies, quelquefois ils meurent tout à coup, après avoir montré la plus belle apparence; quelquefois aussi après la mort ils deviennent noirs et pourrissent avec une rapidité extraordinaire, souvent dans l'espace de 24 heures. D'autres fois, ils sont mous, flasques, pareils à un boyau vide et plissé; ou bien encore ils conservent la forme de l'insecte vivant. Au microscope on n'y retrouve jamais de corpuscules, mais les vibrions de la putréfaction et tout particulièrement un ferment en *chapelets de grains.* Lorsqu'on pénètre dans une magnanerie où les vers périssent de la flâcherie, on sent une odeur aigre, désagréable, due aux acides gras volatils qui se dégagent des vers malades, acides formés par la fermentation des matières contenues dans le canal intestinal. Les acides dont il s'agit sont saturés en partie par des matières alcalines ou ammoniacales produites par la digestion ou la putréfaction des vers morts ou mourants.

Si le ferment en chapelet-de-grain ne s'est développé que

dans les derniers jours de la vie de la larve, avant la montée à la bruyère, le canal intestinal est rempli de feuille et distendu par une matière spumeuse. Il arrive parfois que l'examen microscopique ne décèle pas trace de vibrions, mais une grande abondance de ferment en chapelets de grains. En incisant la peau du ver, le canal intestinal sort en bourrelets et l'on voit se rassembler, sous la tunique transparente, de petites bulles de gaz produites par la fermentation de la feuille renfermée dans le tube digestif.

La flâcherie est contagieuse, héréditaire et accidentelle comme la pébrine. La muscardine n'est jamais héréditaire.

La flâcherie est héréditaire non par un effet de parasitisme, mais par cause d'affaiblissement communiqué à la graine par des papillons nés de vers qui, eux, étaient atteints de flâcherie. Ce n'est pas à proprement parler la flâcherie, qui est héréditaire, mais l'affaiblissement dont il s'agit et à la suite duquel la flâcherie peut survenir nécessairement, par exemple dans tous les cas où l'éducation régénératrice de la graine a éprouvé un effet sensible par suite de cette maladie.

La flâcherie est accidentelle toutes les fois que, dans le cours de l'éducation, la feuille vient à fermenter dans le canal intestinal par le fait d'un développement de vibrions ou de ferments en chapelets-de-grain.

Pébrine. — La gatine ou pébrine, appelée encore atrophie, maladie des petits, maladie des pétéchies, n'est autre que la maladie *des corpuscules*, observée depuis 1840. Elle prit le nom de *pébrine* ou *pébrat*, mot du patois languedocien, sans doute à cause de la poussière qui couvrait, comme du poivre, les vers atteints. Des taches noires, livides, des pétéchies à l'aiguillon, puis à la queue et aux pattes postérieures du ver; des papillons aux ailes recoquillées ou tachées, mais surtout un nombre considérable de corpuscules; tels furent les premiers caractères de cette maladie, dont les ravages furent et sont encore incalculables. Il ne faut pas confondre, continue Pasteur, les taches de la pébrine avec les *fausses taches* produites par les piqûres que les vers se font entre eux avec leurs pattes à crochets lorsqu'ils passent les uns sur les autres; celles de pébrine sont irrégulières, comme entourées d'une auréole de couleur moins foncée.

Le mal se développe surtout dans la chrysalide et dans le papillon. Pour reconnaître la présence de ces corpuscules, il suffit de broyer l'insecte dans quelques gouttes d'eau à l'aide d'un mortier et de porter une goutte de la bouillie sous l'objectif du microscope. Les corpuscules adultes détachés au moment de la déchirure des tissus se montrent partout dans le liquide; ils sont brillants, ovoïdes ou pyriformes, à contours très-accentués, presque tous semblables entre eux, sans attache avec les tissus. Ce sont les corpuscules *adultes* ou corpuscules *vieux*. Ils se montrent encore sous un autre aspect, leurs contours sont moins accusés, dans leur intérieur on voit en général une ou plusieurs vascuoles rangées suivant le plus grand axe du corpuscule; d'autres fois ils sont comme gélatineux, presque indistincts, engagés dans l'épaisseur du tissu, ils ne sont pas libres d'aller et de venir, mais ils n'ont besoin que d'un temps très-court pour prendre les caractères des premiers. On les nomme corpuscules *naissants* ou corpuscules *jeunes*.

Le corpuscule est le signe certain d'un état morbide. Si le ver est corpusculeux à la première ou la deuxième mue, on est certain qu'il périra avant d'avoir filé. S'il ne devient corpusculeux qu'à la quatrième mue, il peut terminer son cocon, mais il est toujours faible et de mauvaise qualité.

La pébrine est héréditaire lorsque le parasite passe de la mère dans les œufs, de ceux-ci dans l'embryon, et de ce dernier dans le ver. Elle est accidentelle, quand elle se produit sur des vers sains par le contact des vers malades ou de poussière fraîche de magnanerie infectée.

Dans la pébrine et dans la flâcherie le parasitisme joue un rôle considérable; il n'en existe pas moins entre ces maladies cette différence que dans la pébrine ce sont les corpuscules qui font tout le mal, encore faut-il qu'ils soient abondants, tandis que dans la flâcherie c'est l'affaiblissement de la race qui permet le développement de ferment organisé dans le tube intestinal.

A Cavailhon, dans Vaucluse, on observe la pébrine en 1840; à Avignon, en 1845; à Nîmes, en 1846; dans les Cévennes, en 1849; dans la Briange et dans la vallée de Saint-Martin, en 1852. Dans la même année, l'Espagne perd considérablement de cocons; même résultat près du lac de Garde en 1853; dans la Corse, en 1854; dans le Tyrol, en 1855. Peu à peu cette maladie envahit la Turquie d'Europe, l'Asie et l'Afrique. Treschi la signale dans l'Inde en 1859; les graines prussiennes échouent en 1858; celles de Toscane en 1859; celles de la Suisse, en 1860; celles du Brabant, en 1862 et celles des Karpathes en 1864. La France et l'Espagne, en 1856, perdirent les 3/4 de la récolte des cocons. Depuis cette époque, sur tous les points du globe les années comptèrent par des désastres qui se chiffrèrent par des millions.

Chercher les causes du mal, suivre les marches de l'in-

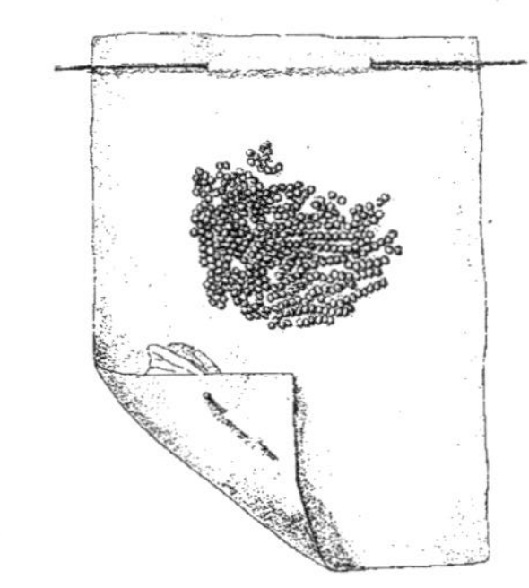

GRAINAGE CELLULAIRE

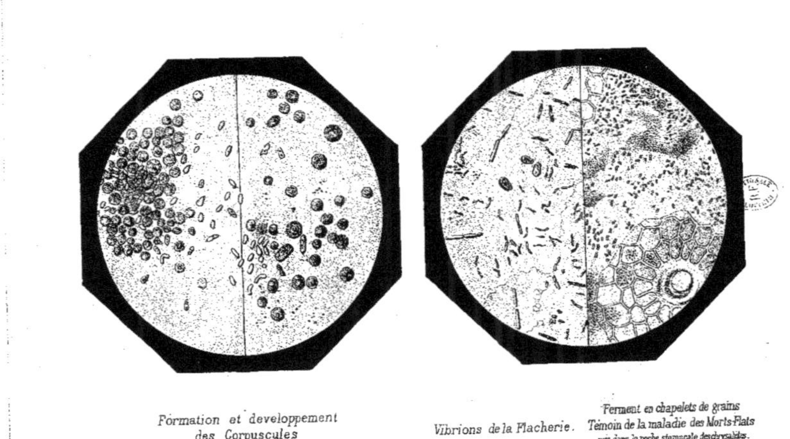

Formation et developpement des Corpuscules ou de la Pébrine.

Vibrions de la Flacherie.

Ferment en chapelets de grains Témoin de la maladie des Morts-Flats pris dans la poche stomacale des chrysalides.

fection, s'efforcer de la combattre : telles sont les questions à la solution desquelles les savants de tous les pays ont travaillé jusqu'à nos jours. Parmi ces chercheurs infatigables, M. Pasteur s'étant justement rendu célèbre par ses observations microscopiques, nous entrons dans quelques détails sur sa méthode.

Procédé Pasteur. — La pensée d'examiner au microscope les œufs, les vers, la chrysalide et le papillon qui produit la soie, remonte à une époque assez reculée. En 1848, M. Guérin-Menneville croit avoir vu certains corpuscules formant la partie vivante et interne du ver à soie devenir les racines du botrytis bassiana qui constitue la muscardine. En 1851, le naturaliste italien P. Filippi parle de l'existence chez le ver à soie de corpuscules animés d'un mouvement oscillatoire. En 1853, Leydig, professeur à Tubingue, signale dans divers insectes des corpuscules qu'il considère comme des parasites. En 1855, M. Cornalia, directeur du muséum de Milan, établit une relation entre les corpuscules et une maladie du ver à soie bien déterminée. En 1856, Herth et Frey considèrent les corpuscules comme une algue uni-cellulaire qu'ils rattachent à la maladie régnante. M. Osimo de Padoue écrit des observations relatives à la présence de corpuscules dans les œufs du ver à soie. En 1859, un autre naturaliste, M. Vittadini, fonde sur ce fait une méthode qui doit permettre de distinguer une bonne graine de la mauvaise. M. Cornalia s'associe activement à cette manière de voir que ses travaux avaient préparée. En 1858 et 1859, M. de Quatrefages publie des travaux importants sur la maladie et des moyens de la combattre. Enfin, le 25 juillet 1867, M. Pasteur, envoyé en mission dans le Midi, sur la proposition de son collègue de l'Institut M. Dumas, adresse au ministre de l'agriculture un rapport lumineux dans lequel, tout en rendant justice aux savants qui l'ont précédé dans cette voie, il développe sa méthode d'examen des caractères de la pébrine. Bien que les journaux de cette époque aient retenti des attaques les plus vives à l'endroit du procédé Pasteur, que le marquis de Bimard notamment lui en ait énergiquement contesté la priorité, il faut reconnaître que de cette époque seulement datent les moyens sûrement pratiques de ses observations microscopiques et que l'illustre membre de l'académie des sciences a rendu les plus grands services à la sériciculture en ouvrant la voie de la sélection des graines.

D'après le système Pasteur, la maladie est constitutionnelle; il ne faut pas la rechercher dans les œufs, mais bien dans la chrysalide et le papillon. On extrait de la poche stomacale la matière résineuse qu'elle renferme, ou plus simplement on broie l'insecte dans un mortier avec un peu d'eau, puis une partie de la matière est soumise au microscope. On peut y reconnaître soit des corpuscules vibrants, indices de la pébrine, soit des ferments en chapelets de grain, considérés comme témoins de l'existence de la prédisposition héréditaire à la maladie des *morts flats* ou *flâcherie*. Le procédé Pasteur n'est pas de trouver un remède que l'auteur n'a pas cherché, mais d'indiquer une méthode sûre et pratique de confectionner de bonne graine. Lorsque la chrysalide n'est pas corpusculeuse, la chambrée réussit infailliblement, à moins qu'elle ne soit sous l'influence d'affections intercurrentes, telles que celles des morts flats, de la grasserie, etc. M. Pasteur établit aussi par une série d'expériences que la pébrine est contagieuse et héréditaire, mais qu'on ne saurait l'attribuer à la mauvaise qualité de la feuille.

Si le ver attaqué avant la formation du cocon meurt avant de l'avoir terminé, le tissu en est mou et de peu de valeur; on lui donne le nom de *chique* ou *coffignon*. S'il ne périt qu'à la formation de la chrysalide, il se dessèche, se couvre d'efflorescence saline et prend le nom de *dragée*.

Touffes. — L'été, dans les périodes accablantes qui précèdent les orages, lorsque le temps est plat, que la respiration humaine s'effectue difficilement, il arrive parfois qu'une grande quantité de vers meurent subitement faute d'une quantité suffisante d'oxygène, c'est ce qu'on nomme des *touffes;* on ne peut y remédier que par un système énergique de ventilation combiné avec des réfrigérants.

Si les moyens curatifs sont à notre avis tout-à-fait impuissants pour combattre les maladies déclarées, nous sommes fermement convaincu que les moyens hygiéniques sont presque toujours souverains pour les prévenir.

Les éducations précipitées, les grands amoncellements de vers dans une même salle, le grainage industriel, les feuilles mouillées, le défaut de propreté, l'insuffisance de nourriture, d'air et de lumière, la mauvaise qualité des feuilles, les écarts de températures, sont en tous lieux autant de causes de maladie, mais il en est une aussi dont les éducateurs ne se préoccupent pas assez et sur laquelle nous devons insister.

Le colportage de la graine devrait se faire avant, et jamais après, le 1er janvier de chaque année. Depuis la ponte jusqu'à l'éclosion, la graine suit des transformations successives qui obéissent à un ordre naturel qu'il ne faut pas interrompre.

Cette succession graduée dure trois cents jours formant deux périodes; dans la première, aucun mouvement chez l'embryon, quel que soit le degré de chaleur auquel on l'expose; dans la seconde, le travail organique de l'œuf commence, le germe s'émeut si la température s'élève à 11 degrés cent. La première période finit au mois de janvier, époque où commence la seconde. C'est dans cette seconde période qu'il ne faut pas exposer la graine aux secousses et aux variations de température inséparables des voyages, sous peine d'en compromettre la vitalité.

La graine doit être faite sur carton ou mieux sur toile, mais ne jamais être entassée en boîtes, fût-ce en petite quantité, la fermentation, le manque d'air étant toujours défavorables.

Pour le grainage, plus l'éducation est restreinte, plus les chances de succès sont assurées; dans ce cas, elle doit être longue, à moins que l'on n'ait des raisons particulières pour l'abréger, comme par exemple lorsqu'on veut éviter la contagion de la pébrine, et conduite sous une température peu élevée, mais régulièrement maintenue. Les papillons dont la longévité est la plus grande indiquent une race pure exempte de maladie.

En résumé, maintenir le papillon dans un lieu sec à une température de 20 à 24 degrés centigrades, ne pas entasser les œufs; les soumettre pour l'éclosion à une chaleur s'élevant graduellement de 18 à 24° centigrades; conserver aux vers une température moyenne de 24° centigrades; les préserver des vents froids, des courants insalubres, de la fumée, des aromates de toute nature; les distribuer sur un espace proportionné à leur nombre; renouveler l'air fréquemment par des courants qui l'entraînent lentement audehors, mais complétement, le purifier lorsqu'il a acquis des propriétés délétères; faire aux cheminées des feux de flamme, quand l'air est humide; arroser l'atelier dans les grandes chaleurs; introduire la lumière solaire à l'intérieur toutes les fois qu'elle n'élève pas trop la température; préserver la magnanerie des brusques variations et généralement de toutes les secousses atmosphériques; ne distribuer que des aliments sains, non mouillés, proportionnés en qualité et quantité à l'âge de l'insecte, les donner avec une régularité mathématique; enlever les litières avant qu'elles ne fermentent; sacrifier de suite ou tout au moins isoler les vers malades; redoubler d'attention et de surveillance au moment des mues; ne pas faire voyager la graine après le 1er janvier; employer pour son grainage le système cellulaire et ne conserver que la graine provenant de papillons non corpusculeux : tels sont les moyens d'éviter les maladies, d'améliorer la race et de s'assurer un véritable succès (1).

Vers à soie autres que celui du mûrier. — A l'exposition universelle de 1867, M. Guérin-Menneville, membre de la Société centrale d'Agriculture, obtenait une médaille d'or pour ses importants travaux, en vue d'acclimater de nouvelles races de vers à soie. Chacun a pu voir au domaine national de Vincennes une exposition permanente de sériciculture comparée, classée suivant le degré d'avancement où en est arrivée l'acclimatation de ces nouveaux insectes.

L'ailante globuleux, ou faux vernis du Japon (ailantus globulosa), arbre importé de Chine par le missionnaire Dicarville, nourrit de ses feuilles un nouveau ver à soie (bombyx cynthia) introduit en Europe en 1856 par le père Fontoni, missionnaire piémontais dans la province de Nan-Tung. La première éducation fut faite à Turin, en 1857, par MM. Griseri et Comba, qui donnèrent à M. Guérin-Menneville trois de leurs derniers cocons. Son cocon est beaucoup plus gros que celui du ver à soie du mûrier ; sa forme est celle d'une grosse amande, sa couleur est grisâtre, le tissu en est plus grossier, mais d'une grande force et pouvant fournir des étoffes fort appréciées au Japon, où il est l'objet d'un commerce important. Après plusieurs générations, obtenues tant en France qu'en Hollande et en Angleterre, le bombyx cynthia ne paraît pas avoir dégénéré, et de l'aveu de M. Guérin-Menneville les derniers cocons obtenus sont plus beaux que ceux achetés à Pékin par M. Eugène Simon. M. Givelet, qui a fait dans la Champagne-Pouilleuse 60 hectares de plantations d'ailante en vue d'y introduire ce ver à soie, affirme avoir obtenu par hectare un revenu net de 525 fr. En 1862, M. Guérin-Menneville rend compte de sa visite à M. Milly, de Mont-de-Marsan, qui a élevé à l'air libre 50,000 vers sur une haie de 500 mètres de long ; résultat 97 kilog. de cocons. Un résultat analogue chez M. Caze à Barcelone.

Le 4 novembre, le maréchal Vaillant adresse à la *Revue*

(1) Les microscopes accordés par le gouvernement aux départements séricicoles qui en ont fait la demande ont été fabriqués par l'opticien Karlkact, place Dauphine, à Paris. Ils se composent de deux jeux, l'un grossissant de 65 diamètres et l'autre de 300 ; en y ajoutant un oculaire n° 4 avec un objectif n° 8, on peut avoir un grossissement de 600 diamètres.

Le Dr Arthur Chevallier, Palais-Royal, 158, à Paris, vend des modèles de 75 à 185 fr. grossissant de 50 à 1,000 fois.

de zoologie le compte-rendu de sa propre éducation; il a employé avec succès la pimprenelle pour l'éducation en chambre; les vers la mangent avec avidité, elle se flétrit moins vite que celle du faux vernis.

Dans la Dordogne, notre collègue M. Henri de Baillet, propriétaire au château de Sireygeol, près Bergerac, a réussi ses essais, comme le prouve son rapport inséré dans les *Annales* de la Société d'Agriculture de la Dordogne (1) et la belle exposition qu'il fit au premier concours départemental de Bergerac.

C'est au professeur Baroffi que l'on doit le ver à soie du ricin. Son acclimatation remonte à 1854; il est moins rustique que le bombyx cynthia, auquel il ressemble sous plusieurs points et avec lequel il s'accouple, comme l'ont démontré les métis obtenus par M. Cérès. A Alger, M. Hardy, directeur de la pépinière centrale, élève la grande espèce indienne dont il obtient de bons résultats.

Le bombyx cynthia peut être élevé avec les feuilles du ricin, de même qu'une éducation de ver du ricin peut être faite avec l'ailante; voici les points de dissemblance : l'œuf du cynthia est tacheté, l'autre entièrement blanc. La chenille du cynthia porte sur chaque segment de nombreux points noirs; elle est d'un vert émeraude, avec la tête, les pattes et le dernier anneau d'un beau jaune d'or. Celle de l'*Arrindia* est uniformément verte. Le cocon du cynthia est d'un gris de chanvre, celui de l'arrindia d'un roux très-vif.

Le ver à soie du chêne, connu sous le nom de Yama-May, est celui dont l'introduction paraît la plus prochaine. Le premier cocon a été obtenu à Paris, en 1861. A l'exposition de 1867, M. C. Personnat avait organisé, près de l'école militaire, une plantation de chênes où ce ver, malgré les intempéries, ne cessa de fonctionner régulièrement. M. le baron de Breton, en Esclavonie (Autriche), qui, en 1863, recevait quelques graines de M. Guérin-Menneville, en obtenait 4,000 cocons en 1866.

Le Japon est le berceau du bombyx du chêne, comme la Chine est celui du mûrier. Il a été importé en 1861, grâce à M. Duchesne-Bellecourt, consul général de France à Yeddo (Japon), et surtout à M. Pompe-Van-Meerderwort, officier médical dans la marine néerlandaise. La soie du Yama-May a presque la même souplesse et le même brillant que celle du ver à soie du mûrier. Au Japon, elle fait partie des revenus de la couronne et sert à fabriquer les étoffes réservées à la

(1) Année 1862, folio 619.

famille impériale. La graine du ver à soie du chêne ressemble à celle de la balsamine et renferme une chenille complétement développée un mois après l'éclosion ; elle passe l'hiver dans sa coque ; elle est d'un vert jaunâtre à l'éclosion, acquiert plus tard de vives couleurs et vers le dernier âge se pare de points métalliques ressemblant à des perles. Il faut l'arroser durant les grandes chaleurs ; elle boit avec avidité l'eau qui coule sur les feuilles. Elle est vagabonde, parcourt en quelques minutes de grandes surfaces, mange à ses heures et paraît dormir après chaque repas. A ce moment et pendant la mue, elle a la tête renversée et ne se tient que par ses dernières pattes membraneuses. Lorsqu'elle veut se débarrasser de sa première peau, elle la déchire, la refoule, puis se redresse, prend sa tête avec ses nouvelles pattes, la rejette, puis apparaît avec une couleur blanchâtre, qui, sous l'influence de l'air, devient bientôt d'un beau vert ; il arrive parfois que l'ancienne tête résiste, alors elle s'appuie sur l'extrémité d'un pétiole dépourvu de feuilles, et après quelques secousses finit par s'en débarrasser. Le cocon du Yama-May est vert extérieurement, et les couches inférieures d'un magnifique blanc argenté. Le papillon a les ailes très-amples et de couleurs variées. Son vol est léger et gracieux comme celui de l'oiseau mouche. L'éclosion correspond au développement de la feuille, c'est-à-dire à la deuxième quinzaine d'avril.

M. Sac de Neufchâtel (Suisse), en novembre 1871, a signalé à la Société d'Agriculture de France un nouveau ver à soie du chêne, *bombyx pernye*, originaire de Kuy-Oschen. au nord de la Chine. Il diffère du yama-may par une plus grande rusticité ; son cocon a la soie moins brillante, de couleur grise, mais plus abondante et plus forte. On a déjà fait à Berlin plusieurs essais de ce ver à soie qui ont parfaitement réussi.

Le ver à soie du chêne sera une précieuse introduction pour la Double, où le comice agricole d'Echourgnac serait heureusement inspiré d'en faire essayer l'acclimatation par la voie des instituteurs, de même que le bombyx cynthia pourrait faire la fortune de nos coteaux calcaires les plus abruptes, où l'ailante prospère avec une vigueur peu commune.

Outre ces espèces d'une importance première, l'exposition de M. Guérin-Menneville, au Champ-de-Mars, contenait des spécimens de papillons à soie d'un grand nombre d'espèces, mais dont l'acclimatation est encore un problème à résoudre. Notamment, le bombyx du ricin, le bombyx arrindia, le bombyx *faidherbia* découvert au Sénégal par le général Faidherbe, le gigantesque bombyx *atlas* de la Chine et de l'Inde; le bombyx *secropia* de l'Amérique du nord ; le bombyx *sauvetge* du Paraguay ; le bombyx *orota* et *speculum* du Brésil ; le bombyx *esperus* de Cayenne, et autres.

NOTA. Dans ce qui précède, nous n'avons pas toujours indiqué le nom des auteurs auxquels nous avons fait, par extrait, de nombreux emprunts, mais nous indiquons les ouvrages où il sera toujours facile d'en retrouver le texte. Ce sont : la *Revue universelle de Sériciculture* ; les *Annales de la Société Séricicole* ; le *Journal de l'Agriculture* ; le *Journal d'Agriculture pratique* ; les *Annales* de la Société d'agriculture de la Dordogne ; les ouvrages de Dandolo, Bonafous, Camille Beauvais, de Chavanes, Guérin-Méneville, Pasteur et Dubreuil.

E. DE LENTILHAC.

SOMMAIRE ALPHABÉTIQUE

DES MATIÈRES CONTENUES DANS LE

GUIDE

DE LA SÉRICICULTURE.

N

O

P

Q

R

S

U

V

Y

TABLE DES MATIÈRES.

PREMIÈRE PARTIE. — MORICULTURE.

DEUXIÈME PARTIE. — SÉRICICULTURE.

Périgueux, impr. DUPONT et Cie. — Ms 73.

www.ingramcontent.com/pod-product-compliance
Ingram Content Group UK Ltd.
Pitfield, Milton Keynes, MK11 3LW, UK
UKHW022126170726
13837UKWH00003B/1381

9 782019 962852